超神奇「胎內記憶」，觸動百萬媽媽的心

媽媽，我記得你

池川 明 著 連雪雅 譯

子どもはあなたに大切なことを伝えるために生まれてきた。

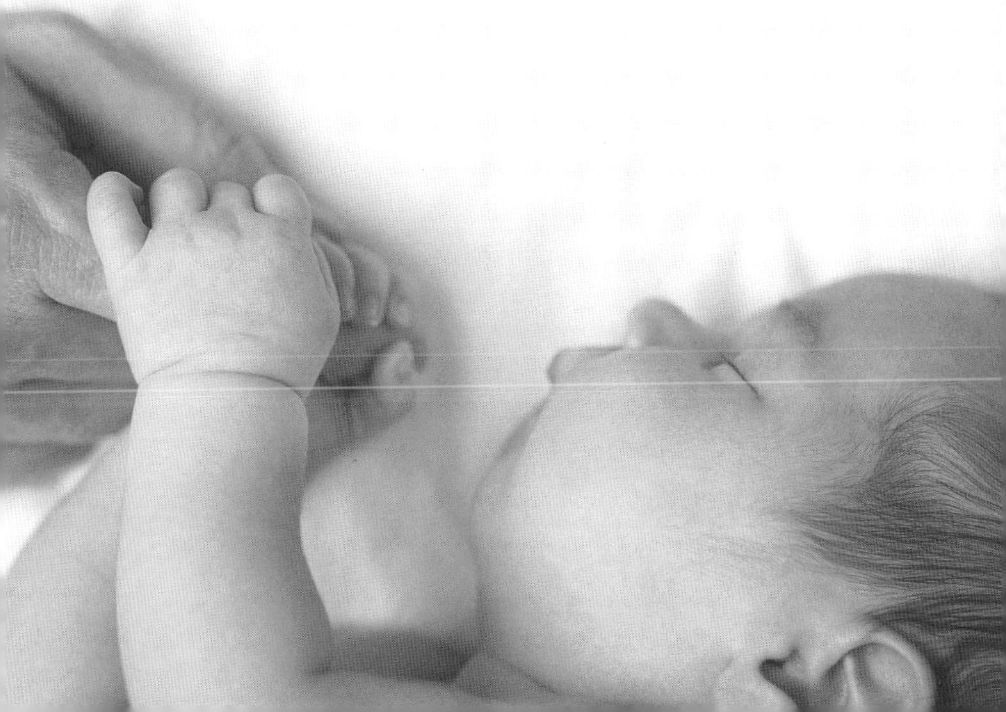

目錄

序章
孩子賭上生命傳達的訊息，希望你能聽見 010

第1章
肚子裡的小寶寶，非常渴望得到父母關愛

01 每三個孩子就有一個保有「胎內記憶」 030
02 多和小寶寶說話，給他最初的「幸福記憶」 032
03 孕媽咪肚子冷冰冰，代表小寶寶很害怕 034
04 爸爸每天對胎兒說話，孩子會更愛你 036
05 想讓孩子笑著出生，千萬別說這些話 038
06 超音波看不出性別，是小寶寶刻意保密 040

懷孕。

07 媽媽孕期發生的事，孩子都記得……042
08 即使寶寶還在肚子裡，也要讓他欣賞美好的事物……044
09 孩子會第一個發現「媽媽又懷孕了」……046
10 孩子還沒出生前，就能培養手足之情……048
11 兄弟姐妹的緣分，在出生前就已約定好……050
12 害喜是小寶寶提醒媽媽「不要吃危險食物」……052
13 不當飲食和保養品，會讓羊水味道變臭……054
14 孕期維持「年輕的胎盤」，增加順產機率……056
15 夫妻吵架、情緒煩躁，孩子會自責「是我害的」……058
16 媽媽不開心，肚子裡的小寶寶也會皺眉……060
17 「謝謝你來到我身邊」是最棒的胎教……062
18 小寶寶用「胎動」告訴媽媽自己何時出生……064
19 孩子會到媽媽夢中，說出心中的願望……066
20 用直覺畫畫、寫字，陪小寶寶一起「玩」……068
21 解讀「胎話」，減少未來的育兒問題……070

22 擁抱過去的自己，才能給孩子完整的愛——072
23 媽媽的「好心情」可以治癒一切生產問題——074
24 媽媽心情不好，孩子就會忙著「大掃除」——076
25 突然想哭，也許是肚子裡的小寶寶被感動了——078
26 孕婦口味改變，是寶寶想給你的暗示——080
27 「胎位不正」原來是因為媽媽壓力很大——082
28 「自我否定」的想法，讓你的子宮生病了——084

第2章 用孩子喜歡的方式，迎接他來到這個世界

29 超過預產期別著急，有些寶寶想要慢慢來——088
30 孩子也會聽媽媽的話，決定出生的時間——090
31 撐過陣痛的最佳方法，就是期待陣痛來臨——092

生產。

32 孕期常和小寶寶交流，產後育兒不疲勞……094
33 產程快或慢，能看出寶寶的個性……096
34 生產發生緊急狀況，最好先問孩子的意見……098
35 陪太太經歷生產，先生會更有責任感……100
36 有陪媽媽生產的小孩，手足之情更深厚……102
37 迎接新生命，是修補母女親情的好機會……104
38 順產的標準不在於時間長短，而是寶寶的笑容……106
39 自然產或剖腹？媽媽別預設「最好的生產方式」……108
40 一百位媽媽，一百種生產方式……110
41 孩子出生後，最需要媽媽的擁抱……112
42 相信有「守護天使」，撫平面對生產的不安……114
43 感謝子宮、胎盤、臍帶，幫助孩子順利出生……116

第3章 不會說愛的孩子，最愛你

44 回想出生的原因，人生原來很有趣……120
45 孩子說「是我選了媽媽」，你因此成為母親……122
46 不是父母製造了生命，懷孕只是「靈魂的相遇」……124
47 小寶寶在懷孕之前，就一直守護著媽媽……126
48 小生命會發出溫柔的光，圍繞懷孕的媽媽……128
49 有些孩子是為了傳達「媽媽，我愛你」而出生……130
50 孩子帶來愛的能量，延長媽媽的生命……132
51 各種教養問題，隱含孩子想給你的訊息……134
52 新生兒時期，小寶寶會考驗父母的決心……136
53 孩子會刻意選擇「好像很辛苦的媽媽」……138
54 小寶寶為什麼選擇虐待自己的父母？……140

特別的天使。

55 孩子會告訴你如何治癒心中的傷口……142
56 小寶寶選擇帶病出生，打造不一樣的幸福……144
57 小勇士們選擇用自己的一生啟發他人……146
58 關於「流產」，小寶寶有他們的理由……148
59 孩子回到天上，最不想看到媽媽自責……150
60 變回天使的小寶寶，希望媽媽能過得更好……152
61 沒出生的孩子，會繼續當媽媽的「小管家」……154
62 小寶寶離開後，忙著「傳遞生命」……156
63 墮胎之前，一定要先取得孩子的許可……158
64 孩子「為了幫助媽媽成長」，刻意讓自己出生……160
65 小孩對某些事物特別敏感，是受到記憶影響……162
66 小寶寶是讓爸媽結合的愛神邱比特……164
67 誠心祈禱，孩子就會來到你身邊……166
68 「生不出孩子」的想法更容易造成不孕……168
69 小寶寶會先做好調查，再選時機出生……170

70 盼望「生孩子能變幸福」是錯誤的想法——172
71 領養的孩子也會和媽媽產生靈魂的連結——174

第4章 親情需要練習，一個擁抱就能解救孩子的心

72 按摩和漂浮，讓內向的小嬰兒對媽媽打開心房——178
73 媽媽經常笑，才能給寶寶好喝的母乳——180
74 寶寶哭鬧卻不理會，以後孩子不敢說出真心話——182
75 孩子的表情，就是媽媽平常的表情——184
76 面對寶寶夜哭問題，可以試著問他理由——186
77 多說「我想了解你」，教出個性穩定的孩子——188
78 愛討抱的孩子，長大後反而更獨立——190
79 建立孩子良好的個性，兩歲前是關鍵——192
80 不重視孩子的個性，管教會變成「虐待」——194

育兒。

81 孩子學會反抗，代表父母教養很成功……196
82 強迫小孩「不准哭」，他的心會生病……198
83 你有好好接受孩子「愛」的禮物嗎？……200
84 青春期問題，來自兩歲前的心理傷害……202
85 讓孩子「主動想學」，他才能真正長大……204
86 用坦率的心面對孩子，陪他一起成長……206
87 享受育兒的過程，那是最甜蜜的負荷……208
88 孩子默默引導媽媽，追求自己想做的事……210
附錄 向孩子詢問「胎內記憶」的方法 212

序章

孩子賭上生命傳達的訊息，希望你能聽見

「我想我來了，媽咪就不會寂寞了。」
「胎內記憶」是一把重要的鑰匙，
喚醒我們內心深處對愛的渴望。

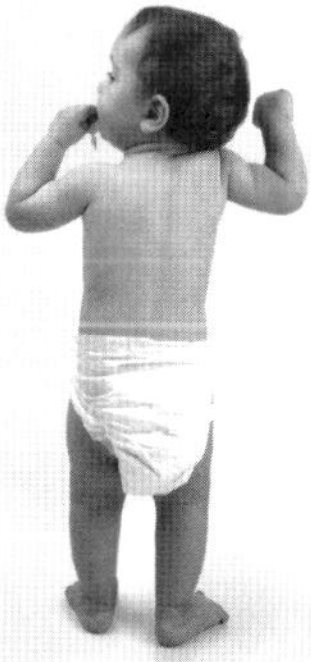

父母對待「胎兒」的方式，影響他的一生

有時候不經意的一句話，會改變人的一生。我的人生至今受惠於許多人及書籍，當中最令我難忘的一句話是：

「婦產科醫師不改變，日本的教育就不會改變。」

這是某位教育家說的話。坦白說，第一次聽到這句話時，我根本不懂它的意思。生產與教育有關連嗎？婦產科醫師的職責，不就是讓小寶寶安全地來到人世？但迎接新生兒這份重要的工作，使我經常思考人生的意義。

聽到那句話的時候，我正好接觸「周產期心理學」，即研究胎兒、新生兒心理的學問。我從中發現，原來小寶寶具備令人驚訝的知覺能力，有些孩子甚

至記得自己在母親腹中或是出生時的事。

而且我也了解到，孩子在新生兒時期若被當作不成熟的存在，那會造成孩子的心理創傷，影響往後的親子關係和他未來的人生。

生產並非「終點」，而是育兒的重要「中繼站」。我深感自己的責任重大，於是期許自己，生產時除了要顧及小寶寶的身體安全，也要保護他們的內心。並且在孕婦懷孕期間，協助她們與孩子加深母子的感情連結。

調查三千六百人，三成的人擁有「胎內記憶」

「孩子記得自己出生前的事」，這個事實徹底改變我對新生兒的觀念。了解胎內記憶的存在，或許能找出順產、甚至是育兒的好方法。基於這樣的想法，二〇〇〇年八～十二月間，我在自己的診所及相關機構進行調查，約七十九人回答自己對胎內記憶「有印象」。二〇〇一年，我在全國性的醫療研修會上，發表調查內容。當時被刊登在報紙上，引起廣大的迴響。

二〇〇二年，在因緣際會下，我又以長野縣諏訪市所有托兒所幼童為對象進行調查。二〇〇三年，則調查長野縣塩尻市所有托兒所幼童。

二〇〇三年，我在第十七屆世界婦產科醫學會上（ＦＩＧＯ）發表諏訪市的調查結果。二〇〇四年，在「日本嬰兒學會」（探尋新生兒能力與周產期醫療方式的研究會）發表塩尻市的調查結果。

這兩項調查的對象，都是一般托兒所的三千六百零一對親子，因此可信度很高。歸納具體的調查結果：回答「有胎內記憶」的人為三十三％，「有誕生記憶」的為二十一％。回答「不確定」的人，胎內記憶為二十七％，誕生記憶三十三％。不確定的理由是「還沒聽孩子說過」、「父母沒問過孩子」、「孩子不想回答」等，因此實際保有記憶的比例可能更高。

和肚子裡的寶寶說話，他會更愛你

「小寶寶哪可能記得」這樣的偏見使我們沒察覺眼前的事實。

此項調查還讓我發現了很有趣的事。影響小寶寶記憶的最大關鍵在於——「媽媽有沒有和胎兒對話」。媽媽經常與孩子對話，孩子的胎內記憶和誕生記憶保有率都比較高。

記憶會受到荷爾蒙的影響。生產時為了緩和母親和小寶寶的壓力，母體會分泌催產素、皮質醇、促腎上腺皮質激素等，都是會影響記憶的荷爾蒙。

母體分泌的荷爾蒙量，在難產或順產、普通分娩或剖腹生產時都不一樣。因此有人推論分娩法和出生前記憶的保有率有關，但經過實際調查並無差異。於是證實能保有「胎內記憶」，不只是因為孩子出色的能力，媽媽和孩子的互動也會有很大的影響。

孩子的童言童語，都是真實的胎內記憶

生產配合孩子的步調，能減少育兒問題

關於出生前記憶，最常見的是「胎內記憶」，即小寶寶在媽媽子宮內的記憶。孩子們說：

「那兒很溫暖、很舒服，我在裡面飄來飄去。」

「像是噗通掉進海裡的感覺。水暖暖的、有點鹹，有時我會喝很多喔。」

「我的肚子上有繩子，我會甩著玩。繩子尾端扁扁的，連著媽媽的身體。」

「我聽到有人說『快點出來』，周圍軟呼呼的。」

「我經常在跳舞。啊，真想回到媽咪的肚子裡。」

「在媽媽肚子裡的時候，手和腳都會撞到牆，有時還會擠到臉。」

「在媽媽肚子裡的時候，我喝到尿尿和便便，然後又拉出來。」

有些孩子抱膝而坐說著「是這樣的姿勢喔」，或是做出各種動作說「我在裡頭轉來轉去的」，還有孩子擺出用手指捏臍帶的手勢。

有個孩子被媽媽問到：「你在媽媽肚子裡為什麼不太會動？」那孩子回答：「因為媽咪說『好痛』，我怕她痛就不動了。」原來是因為某次胎動較大，媽媽忍不住喊了聲「好痛！」後來孩子就變得很少動。

有個孩子說：「肚子裡好像有什麼東西。如果它變大把我壓扁怎麼辦？我好害怕。媽咪，謝謝你平安生下我。」

他的媽媽有子宮肌瘤，懷孕時肌瘤變大會壓迫孩子，有段時間媽媽感到很不安。但她從沒告訴孩子這件事，所以聽到孩子這麼說很驚訝。

從前述的話語就能知道，胎兒在肚子裡有明確的意識和感情。腹中的小寶寶都很愛媽媽，喜歡媽媽和自己談心對話。

育兒從胎兒受精的那刻就開始了——多數人不明白這一點，總認為胎兒不成熟，導致能夠避免的親子問題頻頻發生。本書將為各位介紹，藉由了解胎內記憶，加深母子感情連結的提示。

「誕生記憶」——科學無法解釋的奇幻旅程

還有一種出生前的記憶稱為「誕生記憶」，指的是孩子出生時的記憶。我第一次聽見、而且最常聽到孩子說的就是誕生記憶，身為醫師，那些顛覆婦產科常識的話帶給我很大的衝擊。孩子說：

「我想時間差不多了，所以就出來了。」

「水裡越來越擠，而且黑漆漆的，所以我決定離開。躺著轉來轉去，頭先離開水裡，感覺真舒服。」

「我和長得像蛇的東西，一起在媽媽肚子裡轉啊轉，然後就出來了。」

「有個前端尖尖的鋸子，發出嘰～嘰～的聲音，媽媽的肚子被切開，我就被抱出來。」

「出來的時候，臉被擠得很痛、光很刺眼。我覺得冷，張開眼睛後看到肚子的繩子被剪刀夾住。」

「看到媽媽的臉覺得很神奇，所以我一直盯著她看。」

「繩子被剪斷後，我被抱去洗澡，可是水溫溫的我不喜歡，很想趕快離開。媽媽穿著粉紅色的衣服喔！」

這些孩子描述的內容，和醫學教科書說的分娩截然不同。小寶寶自己決定要離開母親的肚子，並且有意識地體驗了生產過程。

去感受寶寶「希望怎麼出生」，親子一起努力

一般在醫院生產，都是將母子的肉體安全視為最高原則，往往忽略了小寶寶心理層面的照顧。沒有察覺小生命的知性，而將生產過程變得需要制式的管理，早期的醫療介入也變得理所當然。

不過我從實際經驗中感受到，尊重小寶寶步調的生產，產後發生的問題較少。而且就長期的觀點來看，不破壞小寶寶與母親感情連結的生產，育兒過程比較輕鬆順利，孩子的身心也會健全發育。

但是堅持自然分娩也會造成問題。有些孩子雖然想靠自己的力量出生，心中還是希望有人幫忙，或是為了向媽媽傳達某種訊息，刻意讓生產變得辛苦。

重點不在於生產的形式，而是要感受孩子希望怎麼出生，然後給予協助。為了讓各位了解「順產」真正的意義，本書也會解說誕生記憶所描述的各種生產狀況。

孩子存在的意義，是為了幫助你

出生前，小寶寶會自己選擇媽媽

我聽過許多不可思議的出生前記憶。有些孩子說的是「住進母親肚子前」的記憶。或許有人會覺得，那是年幼孩子編織出來的幻想。但神奇的是，孩子們描述的細節儘管有些出入，共通點倒是不少。

住進母親肚子之前，孩子們都待在「雲上」，一個軟綿綿、無憂無慮的世界，那裡有天使、神仙溫柔地守護他們。孩子們決定自己何時要出生、選擇想要的母親，然後來到這世上。他們是這麼說的：

「雲上有多到數不完的小寶寶，大家背上都有像天使的翅膀。有個地位比較高的天使不會變成小寶寶，是他告訴我『你可以自己選媽媽』。」

「我從天上往下看，發現有個不錯的人，所以就進去她的肚子了。當時媽咪站在陽台，我就那樣飛進她的肚子裡。」

「我找到一個感覺很溫柔的媽媽，告訴叔叔『我要去那裡』後就出生了。」

「我和弟弟一起在天上看著媽媽。我對他說『我先去囉』然後就出生了。」

這些記憶無法證實，可是比起科學的證明，我更想研究的是，接受孩子們描述的世界，對育兒或生存方式會產生怎樣的變化。聽到孩子說「我選了媽咪，然後來到這個世界」，一位母親娓娓道出自己的感想：

「我一直認為孩子是屬於我的東西。後來，聽到他說是自己決定要出生，我才察覺孩子是個獨立的靈魂，我必須尊重他。孩子相信我而來到這個世界，我想回應他的期待……。」

孩子們選擇母親的理由各不相同。「溫柔的母親、可愛的母親」很受歡迎，但有些孩子會選擇「看起來很寂寞的母親、傷心哭泣的母親」。他們說：

「我想我來了，媽咪就不會寂寞了。」

「因為，我想讓媽咪笑。」

聽了許多孩子的話之後，我了解到孩子都非常愛媽媽、想要幫助媽媽。他們帶著給母親的「愛」，從雲端來到這世上。只要媽媽明白這點，每天都充滿微笑，孩子就會很有自信，覺得「我有幫到媽媽的忙」。然後感到安心，萌生「我要幫助更多人」的念頭。

孩子和媽媽組成親子這樣的人生夥伴時，他相信你會是最棒的母親，於是住進你的身體。想像那樣的情景，更能感受到懷孕的喜悅。就算對育兒失去自信，也會放寬心胸。

父母自身的成長歷程，絕對會影響下一代

剛成為爸媽的人，可以再進一步去想，或許自己也是選擇了父母而來到這個世上。「怎麼可能！我才不會選擇那種父母。」有些人會這樣反駁。

可是根據出生前的記憶，有些孩子選擇母親的理由是「想化解緊張的家庭關係」。出生於不和睦家庭的人，說不定是很有勇氣的人。多數人都認為自己是偶然成為父母的孩子，不過換個角度去想：「這是我選擇的人生，我有能力克服試煉」，自然能拋開「認命」的消極心態，打開嶄新的門。

養育孩子不只是單一世代的事，哀嘆自己「沒人愛」的父母，不知道怎麼讓孩子填補自己內心的縫隙，也不知道如何去愛自己的孩子。

如果對自己的成長過程有所遺憾，請別再耿耿於懷。

因為，孩子是為了幫助你才來到這個世上。

了解胎內記憶，能更加深親子互動

「不幸的孩子」最勇敢！

我遇過很多為了育兒不斷自責、鑽牛角尖，因而傷心流淚的母親。不過有件事希望各位明白——其實，孩子想讓媽媽透過那些困惑和煩惱有所成長。

養育孩子的確不簡單，有些孩子生來患有疾病或是身心障礙，在世人眼中看起來悲傷痛苦。可是根據出生前的記憶，有些孩子是自己刻意選擇那樣的狀況。那些孩子藉由試煉，使靈魂進一步成長，是充滿勇氣的挑戰者。他們選來幫助自己的最佳夥伴，就是母親。

出生前的記憶，能喚醒大人遺忘的事

養育孩子不只有開心的事，透過育兒問題讓親子的靈魂接觸、磨合。因此親子的緣分很珍貴，無可取代。自古以來，母親生下孩子並且養育孩子，在連綿不絕的生命延續過程中，最前端的正是你我。

無論哪個時代，親子之間都會互相幫助，偶爾發生爭執，每個人都把養育孩子視為理所當然的事。然而，那樣的理所當然如今卻變了。現代社會存在不少為育兒痛苦的母親，當我們追求富足時，似乎忘了某些重要的事。

孩子們「出生前的記憶」是珍貴的寶物，能幫助我們想起被遺忘的事。孩子長大後，大部分會忘記出生前的記憶。有個孩子曾說：

「等到我五歲，就會忘記以前在天上的事」。

出生前的記憶，也許是人生的參考書。人生的各種問題，本來就要靠自己的力量解決，可是現代人的靈魂變得太混亂，於是天使們說：「沒辦法，只好讓今後出生的孩子帶著人生的參考書，讓世間的凡人讀一讀」，或許就是這樣，孩子的靈魂才會留下「出生前的記憶」。

這麼想的話，忍不住會心頭暖暖的。出生前的記憶令人回想起親子靈魂的互動，察覺和孩子的緣分是如此珍貴，對孩子也會更加疼愛。

「生存的喜悅、生命的寶貴」化作言語只是簡單的幾個字，但孩子住進你的身體，出生、成長絕非「理所當然」的事。孩子為了向我們傳達重要的訊息，賭上自己的生命，從雲端來到這個世界。

帶給我許多感動及發現的孩子與母親們，在此致上我的感謝。我衷心期盼，孩子們從雲端帶來的愛傳到各位心中，使各位的育兒生活更加燦爛，並且讓更多人感受到活著的喜悅。大家一起來傾聽孩子說的話吧！

第1章

肚子裡的小寶寶，非常渴望得到父母關愛

「大家期待我出生嗎？媽媽知道我一直陪著她嗎？」

孩子除了身體正在長大，情感上也想得到認同。

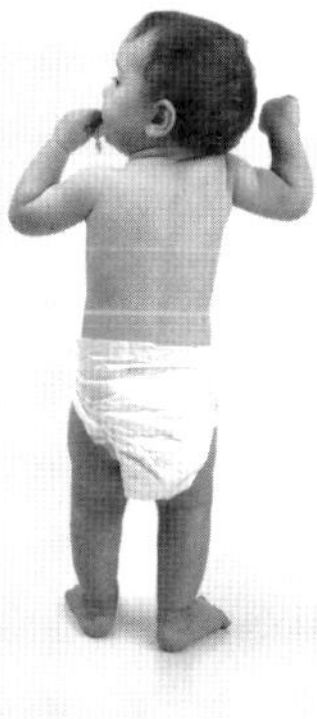

01

每三個孩子就有一個保有「胎內記憶」

「媽媽的肚子很溫暖喔。」

「以前我都浮在裡面游泳。」

「我在肚子裡聽到媽媽跟我說話的聲音。」

只要大人願意傾聽，大部分孩子都會說出自己胎兒期的記憶。我曾以三千六百零一對親子為對象，進行大規模調查。結果回答「有胎內記憶」的人超過三〇％，也就是說，每三個孩子就有一個保有胎內記憶。

回答「沒胎內記憶」的人當中，有些是因為「父母沒問過孩子、孩子還太小不會說話」，因此實際上保有記憶的孩子可能更多。

相信「胎內記憶」，會徹底改變育兒心態

有胎內記憶的不只是年幼的孩子，根據我的調查，小學生有一〇%，國中生有二～五%，就連成人也有一%。雖然記憶的保有率會隨著年齡下降，但不至於完全沒有。

保有胎內記憶的成人，用豐富的詞彙向我說明當時的狀況，有些人甚至清楚記得只有當事人才知道的狀況。胎內記憶是既存的事實，為何至今仍有許多人不知道這件事？也許是認為「小寶寶沒有感受能力」的偏見誤導了我們，使我們看不見眼前重要的訊息。

胎內記憶的證詞讓我們明白，小寶寶有細膩的感情、明確的意識。察覺到小寶寶「有知覺能力」後，才能進一步採取尊重孩子的育兒方式。

02

多和小寶寶說話，給他最初的「幸福記憶」

孩子會豎起耳朵聽父母說了什麼

進行胎內記憶調查時，常聽到爸媽說話的孩子描述：

「爸比經常唱『大象～大象～你的鼻子為什麼那麼長』。」

「因為裡頭很暗我一直在睡，不過爸比和媽咪幫我取好了名字。」

「我聽到爸比和媽咪說『小寶貝，你要平安順利出生喔！』」

為腹中的孩子取暱稱（胎名），有些孩子記住後，等到出生也會喜歡和自己同名的娃娃。

「說話」和肚子裡的小生命交流，母子都能感受到幸福

將麥克風放入子宮進行收音實驗，會發現裡面是有回音的，孩子在裡面時，外界的聲音全部聽得一清二楚。尤其是母親的聲音，透過骨傳導及體內的水分，聽起來格外清晰。

在媽媽肚子裡的時候，媽媽內臟的聲音其實有點吵，但人類的聽覺能夠自然切斷持續聽到的聲音，所以小寶寶對於想聽的聲音會有意識地仔細傾聽。

多向孩子訴說他們有興趣的事，可以提高胎內記憶的保有率，這或許是因為幸福的記憶能夠深植內心。

為了讓腹中的孩子開心，讓他帶著「大家很期待看到我」的心情安心出生，媽媽在發覺自己懷孕後，請開始對孩子說話。媽媽可以經常把手放在肚子上，一邊感受孩子的存在、一邊說話，媽媽的心情也會跟著放鬆下來。

03

孕媽咪肚子冷冰冰，代表小寶寶很害怕

用手就能感受腹中小寶寶的喜怒哀樂

小寶寶與媽媽的距離，只有皮下幾公分而已。

透過紅外線掃描觀察孕婦的肚子，會發現裡面溫度很高。用手觸摸可以感到微微暖意，其實那兒有小寶寶的心臟。

媽媽把手放在肚子上，感受到小寶寶的溫暖時，小寶寶也會感受到媽媽手心的溫度。等習慣這麼做之後，只要把手放到媽媽肚子上，就能透過手掌判斷小寶寶的情況。

不管發生什麼事，都要想到孩子「是和你一起的」

例如，產檢時我把手放在孕婦腹部，相當於小寶寶心臟的部位，但是傳來被吸住的冰冷感。當下我就會問媽媽「發生什麼事了嗎？」

多數人都回答：「我和老公吵架了。」

我告訴媽媽：「小寶寶覺得很害怕喔！」

媽媽聽了立刻慌張地向小寶寶道歉：「對不起，不是你的錯喔！」然後大部分的小寶寶又會恢復溫暖。孩子和你的距離只有肚皮下的幾公分，外界的情況他們很了解。懷孕時請不要忘記「孩子一直在你身邊」。

04

爸爸每天對胎兒說話，孩子會更愛你

媽媽在懷孕這段期間，身心會慢慢準備好要成為一位母親，可是爸爸卻沒什麼真實感。這種落差在小寶寶出生後，很可能衍生為莫大的隔閡。

因此建議各位父親在太太懷孕時，多和肚子裡的小寶寶說話。把手放在太太肚子上和小寶寶對話，太太會覺得很幸福，壓力減輕、提高免疫力，然後降低懷孕或生產的風險。

感到滿足的太太，大腦也會釋放「幸福荷爾蒙」，透過臍帶傳給腹中的小寶寶。於是小寶寶的大腦會認為「爸爸的聲音和溫暖」等於「幸福」，變得很喜歡爸爸。

工作再忙、生活再累，爸爸也要抽空和胎兒說說話

經常聽到爸爸和自己說話的小寶寶，出生後馬上就能認得爸爸、對著爸爸笑。比起媽媽，更常聽到爸爸聲音的孩子甚至說：「我是爸爸生的。」

小寶寶和爸爸很親近，爸爸就會產生自信，進而主動積極地幫忙照顧孩子，媽媽能因此輕鬆許多。

不過，我也遇過有位爸爸非常疼愛孩子，但他一抱孩子、孩子就哭，令他感到不知所措。一問之下才知道，原來太太懷孕時，那位爸爸因為工作忙碌，沒有機會好好和孩子相處。當然，孩子出生後仍有補救的機會。不過如果能從一開始就培養良好的親子互動，那會是更棒的育兒起點。

太太懷孕時，所有忙於工作或人在遠方的爸爸，請至少打通電話回家，把話筒放到太太肚子上、和孩子說說話。爸爸的關愛，小寶寶一定感受得到。

05

想讓孩子笑著出生，千萬別說這些話

在肚子裡聽見嫌棄的言語，孩子也會受傷

懷孕時受到周圍的人祝福，小寶寶出生後會帶著喜悅的表情。另一方面，如果小寶寶聽到家人說「希望不是男孩（女孩）」、「不想要小孩」，就算小寶寶得到媽媽的呵護，出生時還是會帶著痛苦的表情。

「我還在肚子裡的時候，大家都很討厭媽咪。」有個男孩這麼說。

這位母親並未將懷孕當時的事告訴兒子，其實那個時候家人都反對她生孩子，甚至曾經帶她去醫院打算拿掉孩子。

此外，有個在我診所出生的小寶寶，會對每個人露出可愛的笑容，唯獨見到爺爺就是不笑。後來聽媽媽說，爺爺知道小寶寶是女孩時曾說：

「唉！搞什麼，是女的啊。」

「歡迎你來！」大人要學習對胎兒釋出無聲的善意

肚子裡的小寶寶很敏感，他們會察覺自己的出生是否受到期待。

不過換個角度想，如果很多人都向小寶寶傳達「歡迎你！」的心情，小寶寶也會確實感到開心。

因此，我想給各位一個建議：見到大腹便便的孕婦，就算只是心中默想也好，請對她們肚子裡的小寶寶說：「歡迎你來喔！」越多人願意那麼做，幸福的懷孕生產也會增加，建立充滿愛的美好社會。

06

超音波看不出性別，是小寶寶刻意保密

孩子都希望父母全心接受他們，百分之百接納他的一切。小寶寶最先擔心的是「我是男生（女生），大人會喜歡我嗎？」

大人有時會不經意地說「這次是男生就太好了」、「女生比較好」之類的話。小寶寶聽到之後，很有可能會開始擔心，因此在產檢時發生有趣的情況：做超音波檢查時，有些小寶寶會刻意遮住胯下。我原以為那只是偶發狀況，直到某次有個孩子告訴我：「來醫院可以看到肚子裡的小寶寶對吧。以前我有把小弟弟遮起來，不讓醫生看喔！」

「為什麼要遮起來？」

他回答：「被看到很丟臉啊。結果，還是被看到了。」

我接著問：「你想一直保密到最後嗎？」

「嗯，不過，爸比和媽咪很開心，所以沒關係啦！」

「性別」從來就不是爸媽愛孩子的原因

自從聽了那孩子的話之後，往後替孕婦做超音波檢查時，我都刻意不去看孩子的性別。有些小寶寶不想讓人知道性別，硬是要看其實很沒禮貌。

人生的過程比我們所想的還要深奧。有時即便剛開始令人洩氣，後來卻可能出現更大的幸運。或許有人覺得「男孩比較好」、「想要生女孩」，可是那樣的話請別輕易說出口。不管性別為何，可以確定的是，每個小寶寶都是萬中選一、最適合每位母親及家庭的孩子。

07

媽媽孕期發生的事，孩子都記得

有位母親懷孕三個月時，外出兜風發生車禍。她沒跟孩子說過這件事，但當孩子四歲時，這麼說道：「媽咪的車子變得破破爛爛。左邊來的車子，碰一聲撞到你的車。」他描述得很清楚，像在現場看到一樣。

另外有位母親懷第二胎身體不舒服時，長子像是突然想起什麼，他說：「我在媽媽肚子裡時，你在店裡也很難受，店裡的人還開車送你回家。」

懷孕時經常到海邊的公園散步看夕陽的媽媽，她的孩子告訴她：「我還在媽媽肚子裡的時候，有看到樹木、大樓、電燈喔。還看到橘色的雲，就像夕陽一樣，路也變成橘色的。」

胎兒的「第六感」，能敏銳感知外在世界

說自己在肚子裡「看到」外面世界的孩子其實不少。肚子裡的小寶寶並不像大人是透過視網膜看見影像，他們運用的是五感之外的「第六感」。

周產期心理學的先驅湯瑪士．維尼博士（Thomas Verny）認為，肚子裡的小寶寶不是用神經傳導，而是透過體液中的荷爾蒙接收情報。換言之，媽媽看到的景色是以荷爾蒙的形式傳達給孩子，孩子把那些訊息當成影像。

此外，細胞中有感知光子（photon）的感應系統，光子會穿透物體，所以小寶寶能感受到外界的情況。無論理由為何，從孩子們說的話可以確定，胎兒會察覺母親感受的事物。腹中的小寶寶，有著超乎你我想像的能力。

08

即使寶寶還在肚子裡，也要讓他欣賞美好的事物

小寶寶從「肚臍」看見外面的世界

說自己從肚子裡看到外面世界的孩子，很多人都說：

「我是從媽媽的肚臍看到的。」

有個小女孩，第一次被帶去媽媽懷孕時常散步的公園，她告訴媽媽：

「我知道這裡喔！我從肚臍的洞看過。」

另外有位母親懷孕七個月才舉行婚禮，她的兒子五歲時說：

「我有看到爸爸媽媽在婚禮上手牽手。我從肚臍看到的，這是肚子裡的小

寶寶才有的特異功能唷！」

年幼的孩子，知道母親又懷孕後會說：

「我看得到肚子裡的小寶寶。」他們多半也是透過母親的肚臍看到。

儘管無法透過科學證明，或許肚臍真的有類似感應器的東西，以一個器官來說，它發揮了重要的作用。

試著想像小寶寶從肚臍看著外面的世界，心情是不是也變得愉快起來。為了讓孩子慶幸自己「真是選對媽媽了」，懷孕期間請多接觸賞心悅目的風景。

09

孩子會第一個發現「媽媽又懷孕了」

媽媽懷孕的時候，先出生的孩子會最早知道，這是常見的情形。有位母親某天早上醒來時，孩子對她這麼說：

「送子鳥飛進來，戳了媽咪的肚子後，放下裝著小寶寶的袋子喔！」

後來才知道，那位母親正好就是那段期間受孕。

走在路上被人撞到的時候，三歲大的孩子問媽媽：

「媽咪，小寶寶沒事吧？是個女生喔。」

幾天後，那位媽媽得知自己懷孕了。

小孩出現反常行為，可能是預知媽媽懷孕了

其實，先出生的孩子未必會直接告訴媽媽她又懷孕的事。

孩子變得黏人愛撒嬌，或是突然抱洋娃娃，不時偷瞄媽媽的肚子，也許就代表媽媽懷了下一胎。很多媽媽是在小孩出現反常行為而感到奇怪時，進而發現自己懷孕的。

二〇〇四年，我以診所的一百四十四名患者為對象進行調查，結果其中有五十人「比母親更早察覺懷孕」、「不知道」的有七十七人、「不明」的有十七人。

年幼的孩子不會只靠言語和大人溝通。平時多觀察孩子，下次媽媽或許不用驗孕棒就可以知道自己懷孕了。

10

孩子還沒出生前，就能培養手足之情

有個八歲男孩一直盯著媽媽懷孕的肚子，然後很肯定地說：

「一定是男生，我看到了！」

當時周遭的人都認為小寶寶是女生，但出生後果然是個男孩。像這樣，由哥哥姐姐說出腹中小寶寶的性別，準確率相當高。

一位媽媽請兩歲的小男孩說「你問問小寶寶，他什麼時候出來？」男孩把耳朵貼在媽媽的肚子上，嘴裡說著「嗯、嗯」，然後告訴媽媽：

「太好了！他說明天出來。」結果，小寶寶隔了一天就出生。

還有很多孩子都說：「我從媽媽的肚臍看到小寶寶。」

哥哥姐姐能翻譯小寶寶想說的話

如果先出生的孩子因為媽媽懷孕感到困惑，可以試著問他：「聽說從肚臍能看到小寶寶。你可以告訴媽媽，小寶寶長什麼樣子嗎？」

就算是嫉妒小寶寶的孩子，聽到媽媽那麼說也會產生好奇心，興致勃勃地去看媽媽的肚子。假如孩子回答「我不知道」，請接受他們的答案，回答「那之後再幫我問問看。」

即便孩子說了奇怪的話，也不要劈頭就否定他。

先說：「喔，這樣啊！」表示認同。

再表達感謝：「謝謝你讓我知道小寶寶在想什麼。」

這麼一來，先出生的孩子便會對小寶寶產生親近感。然後，他會覺得「我有幫到媽媽」，並產生自信、漸漸培養出身為哥哥姐姐的自覺。

11

兄弟姐妹的緣分，在出生前就已約定好

許多孩子都說：「以前我在雲上和哥哥（姐姐）一起玩過。」

孩子出生前，在雲上和好朋友約好成為兄弟姐妹，彼此商量或是猜拳、比賽跑步來決定出生的先後順序。

有個女孩說：「出生前我是天上的星星。我跟弟弟說『走吧！』但他說『我再玩一會兒就過去』，所以只有我先來。」

某天她不經意說出這樣的話：「啊，我的星星朋友又多了一個唷！」

雖然媽媽聽不懂她在說什麼，可是心裡很在意，所以用了驗孕棒，原來那位媽媽懷了第三胎。

孩子之間不需要比較，只有珍貴的家人緣分

有個男孩和哥哥吵架後，生氣地說：

「你別以為自己是哥哥就這麼囂張。本來應該我先出生的，是你插隊！」

哥哥聽了立刻回道：「如果沒有我，你也不會出生。我們約好要當兄弟，所以我先出生。你應該感謝我才對！」

對此，他們的母親表示：「我家老大很好帶，小的就很調皮。如果是小的先出生，或許我會覺得養孩子很累。多虧老大，我才學會怎麼照顧孩子。」

某些媽媽會覺得自己的小孩「年紀小的很可愛，年紀大的令人心煩」。不過，孩子各有各的想法，他們是約好成為兄弟姐妹後，才來到這個世上。

如果想到這一點，自然會好好珍惜這個深刻的緣分不是嗎？

12

害喜是小寶寶提醒媽媽「不要吃危險食物」

孕婦害喜的程度因人而異，有些人幾乎不會害喜，有些人害喜相當嚴重。害喜嚴重時會不想吃東西，那時候正是小寶寶器官形成的時期。此時如果吃了不好的東西，會直接對小寶寶造成影響，所以必須慎選食物。

以前沒有驗孕棒，媽媽無法判斷自己懷孕與否，因此，害喜（孕吐）是小寶寶向媽媽發出「別吃危險食物」的訊息。孕婦雖極力避免，但每天仍會攝取到化學物質。若是體質敏感的媽媽，也可能因此吃不下任何東西。

害喜並非努力就能治好的症狀，只能花時間靜靜等待。若是孕吐劇烈，導致脫水或營養失調，就必須打點滴補充葡萄糖。

用平常心看待「害喜」，自然調整母子能量

精神狀態也會影響害喜症狀。有些人在公司上班時都好好的，可是回到家卻開始害喜。不少孕婦一旦精神放鬆就會感到不適，特別是在返家通勤的路上，很多人會嚴重害喜。

當工作成為壓力，離職會減輕害喜症狀。可是獨自在家感到有壓力的話，離職反而會讓害喜惡化。所以要仔細思考真正造成壓力的原因為何。

從寬廣的角度來看，害喜是為了迎接小寶寶來到這世上，所進行的能量調整。小寶寶從靈魂世界突然來到人世，媽媽和小寶寶的波動相似就不會害喜；若波動不同，就會藉由害喜（孕吐）來調整。媽媽和小寶寶的波動不同，並非嚴重的問題。即使害喜嚴重，也要好好期待小寶寶會帶來什麼驚喜。

13

不當飲食和保養品，會讓羊水味道變臭

懷孕時，最好別碰菸和酒。這是所有懷孕書籍都會提到的事，菸酒會對小寶寶造成負擔，從他們的胎內記憶也獲得證實。

有位媽媽懷孕時沒戒菸，她的孩子向她抱怨：

「媽媽肚子裡好臭！弟弟在裡面的時候也這樣覺得。」

肚子裡的小寶寶也不喜歡酒精，但隨著時期不同，有些孩子認為「一點點的話沒關係」。

胎兒會透過臍帶獲得需要的營養和氧氣，食物中的添加物或某些藥物同樣會經由臍帶被小寶寶吸收。但他們和大人不同，解毒力很低。

進食前，先摸摸肚子徵求小寶寶同意

如果媽媽抽菸又喝酒，羊水的味道會變差。這麼一來，小寶寶也會變得不喜歡喝羊水。一位男孩擁有詳細的胎內記憶，他說：

「肚子裡的小寶寶知道媽媽吃了什麼。媽媽喝咖啡或啤酒等酒精飲料的時候，一定要先問小寶寶。把手放在肚子上，問他能不能喝？他們會用踢的方式回答。」

此外，媽媽還要注意皮膚接觸到的化學物質，有個男孩說：

「媽媽肚子裡好臭喔！有種奇怪的味道，待在裡面很不舒服，所以我就提早出來了。」原來男孩的媽媽懷孕時，使用香味獨特的泡澡劑。男孩出生後，用那種泡澡劑洗澡，結果長了濕疹。

為了讓小寶寶在肚子裡快樂地長大，希望媽媽們多留意生活上的各種細節。

14 孕期維持「年輕的胎盤」，增加順產機率

據說國外有些追求自然生產的人「吃過胎盤」，不過就婦產科醫師的角度來看，胎盤是會囤積毒素的內臟器官。現代的媽媽常在不知不覺間攝取許多化學物質，所以我不建議各位那麼做。

某次我幫一位媽媽接生，她的胎盤散發出明顯的洗髮精氣味。可是那並非香味而是一股腐臭的味道。詢問後發現，那位媽媽早晚都會洗一次頭。洗髮精的化學成分會透過胎盤傳給胎兒，我想小寶寶應該會很難受。

我接觸過許多胎盤，知道胎盤也有年齡，而且和人類一樣，分為實際年齡與實足年齡。

生產時，老化的胎盤會使寶寶缺氧

小寶寶住進媽媽肚子的同時，胎盤也會形成，它和小寶寶一起在子宮內成長。等到四十週後小寶寶出生，胎盤就沒有任何功用了。不過，有些胎盤在那時候還很年輕，有些卻已經老化。

老化的胎盤很難順利運送氧氣給小寶寶，所以小寶寶在生產過程中會感到痛苦。尤其是陣痛的時候，交換胎盤血液的地方會變窄，此時如果胎盤還很年輕，就算收縮三成也沒問題。但老化的胎盤就沒辦法了，小寶寶在陣痛階段得不到氧氣和營養，會很不舒服。

胎盤年齡與媽媽的健康或飲食有關。媽媽的健康狀態不佳，胎盤也老得快。化學物質等毒物或壓力，也會造成很大的影響。為了減輕小寶寶的負擔，媽媽們在懷孕期間，一定要仔細照顧自己的身心健康。

15

夫妻吵架、情緒煩躁，孩子會自責「是我害的」

「我還在肚子裡的時候，爸爸對媽咪很壞，害媽咪哭了，我都知道喔！」有個孩子這麼說。原來，那位媽媽懷孕時曾和先生鬧得很僵，她非常驚訝孩子知道這件事。爸媽吵架會讓小寶寶受到很大的驚嚇，孩子有時還會自責地想「是不是我害的？」心裡很不安。

當然，夫妻難免會吵架鬥嘴，可是千萬別忘了安撫小寶寶的情緒。最好在兩人和好之後，請丈夫一起把手放在肚子上，告訴孩子「小寶貝你嚇到了吧，對不起唷！爸爸媽媽不是因為你才吵架。別擔心，我們已經和好了！」

給準爸爸、準媽媽的孕期叮嚀

給各位準爸爸：太太懷孕時，心情常處於不穩定的狀態。有時會感到不安、易怒，情緒起伏很大，這是正常的事。

要配合太太的情緒確實很辛苦。可是太太懷著孩子，是非常重大的任務，她的身心承受著極大的壓力。耐心應對太太煩躁的情緒，也是在照顧孩子。請把它想成是身為人父的義務，用寬容的心接受。

給各位準媽媽：當你感到情緒出現波動時，請試著找出轉換心情的方法。肚子裡的小寶寶和先生最想看到你燦爛的笑容。

16

媽媽不開心，肚子裡的小寶寶也會皺眉

懷孕情緒低落時，要記得有小寶寶的陪伴

日本神話中，掌管太陽的女神名為「天照大神」，媽媽也是照亮家庭的太陽。懷孕期間，如果媽媽面露憂鬱的表情，剛出生的小寶寶也會皺眉頭，所以媽媽請經常照鏡子展露笑容。

笑的時候心情確實會變好，大家應該都有這種感覺。我們究竟是因為開心才笑，還是因為笑而變得開心並不重要，有了笑容才是關鍵。

媽媽展露笑容的特效藥，是和肚子裡的小寶寶溝通。當你沒來由地心浮氣

躁，快被不安壓垮的時候，請和肚子裡的小寶寶說說話。記得，你不是一個人，小寶寶一直陪著你，他隨時都在等你和他說話。

「媽媽的笑容」就是家庭幸福的泉源

媽媽笑容滿面，爸爸自然也會跟著笑，家庭就能變得很美滿。先生想要陪在太太身邊，下班就會馬上趕回家。小寶寶出生在充滿笑聲的家庭，情緒會比較穩定，育兒也會變成輕鬆的事。

爸爸是強壯的支柱，媽媽是溫暖的太陽——此即家庭幸福的關鍵。

一定要記住，家中每個人都期待見到媽媽的笑容。

17

「謝謝你來到我身邊」是最棒的胎教

胎教不一定是「智育」的教導

胎教是對腹中胎兒進行的教育，現在實行的胎教很多樣化，從和肚子裡的小寶寶說話這種簡單的方法，到聽音樂、教數字或英語的英才教育都有。

若將胎教視為智育，可以配合小寶寶的發育，擬訂適合的課程，實際上的確有人那麼做。但我不建議各位進行過度偏向智育的胎教。

「必須讓孩子發育得更好。」──這種壓力對媽媽和小寶寶都不是件好事。

不必勉強自己聽古典樂，「肯定孩子的存在」就是好胎教

說到胎教，一般都會想到莫札特的音樂，可是如果媽媽不喜歡古典樂，沒有必要勉強自己聽。聽音樂時不必侷限種類，依當下的心情，想聽什麼就去聽。當然，過於暴力、激昂的音樂還是盡量避免，只要媽媽自己能感到放鬆，任何音樂都可以。

切記要傳達給小寶寶「有你真好」的幸福感，以及「做自己就好」的自我肯定感，可以形成孩子活下去的動力。因此，把手放在肚子上告訴孩子「你要健康長大喔、謝謝你來到我身邊」，這樣已經是很棒的胎教了。

胎教不必擬訂複雜的課程。就算沒有人教，只要和小寶寶討論，進行專屬於孩子的胎教即可。

18

小寶寶用「胎動」告訴媽媽自己何時出生

肚子裡的小寶寶非常喜歡動來動去，我聽過不少胎內記憶的描述：

「我在媽媽的肚子裡跳過舞唷！」

「我會踢媽媽的肚子和她玩。」

出現胎動的時候，多半是小寶寶以自己的意識活動。因此，想和肚子裡的小寶寶溝通，最簡單的方法就是和他玩「踢一踢」。

感覺有胎動的時候，媽媽請試著輕拍肚子。持續做下去，拍一次就踢一次，拍兩次就踢兩次，有些小寶寶會給予回應，並清楚記得當時的事：

「我會照媽媽拍的次數踢喔！」

隨時和肚子裡的寶寶對話，任何事都可以

「如果是『好』，你就踢肚子。」

「用踢肚子回答媽咪，『好』是踢一次、『不好』是踢兩次。」

像這樣告訴孩子，讓他用胎動回答問題，和小寶寶溝通就會很有趣。

例如，不知道要煮什麼菜的時候，有些媽媽會和孩子討論。拿起每樣食材問孩子：「你想吃什麼？有想吃的，踢肚子告訴媽媽喔。」

或是指著月曆告訴孩子：「指到你出生的那天，踢肚子告訴媽媽唷。」

一些媽媽會這樣確認孩子的出生日期，準確率頗高。有位來過我診所的媽媽說：「因為半夜覺得肚子脹，所以我問孩子『如果你覺得去醫院比較好，就踢肚子告訴我』，結果他真的踢了。」

這位媽媽的情況確實需要用藥，還好小寶寶用踢肚子幫了媽媽。

19

孩子會到媽媽夢中，說出心中的願望

孩子透過夢境，提早和父母見面

腹中小寶寶有時候會出現在爸媽的夢裡，傳達想說的話。孩子說：

「我在出生前，去過爸爸的夢裡喔！」

「還在媽媽肚子裡的時候，我在夢裡和媽媽說過話。」

但也有孩子說：「我和媽媽說話，可是她沒聽到。」

某些媽媽說「孩子在夢裡告訴我他的性別」，等到孩子出生後，確認就是夢中所說性別的情況很多。

小寶寶也想決定自己的名字

我也常聽到小寶寶出現在夢裡告訴媽媽：「我的名字是〇〇喔！」

有位媽媽在夢裡聽到孩子說要叫什麼名字，她告訴孩子「可是，爸爸說名字由他決定」。結果隔天，那孩子出現在爸爸和奶奶的夢裡，再次說出相同的名字，最後那一家人就照著孩子的意思命名。

懷孕之後，原本很少做夢的媽媽也夢到印象深刻的情境。醒來後她馬上寫下夢的內容，記憶變得越來越清晰。

「今晚在夢中，孩子會說些什麼呢？」

媽媽們這樣想著，睡覺就變成令人期待的事了。

20

用直覺畫畫、寫字，陪小寶寶一起「玩」

神奇的「自動書寫」，讓孩子透過你的手說話

懷孕後直覺會變得敏銳，所以只要日常生活稍加留意，就能感受到不少事。很多媽媽說「有時候，我會知道小寶寶在想什麼」。

媽媽如果想利用直覺和肚子裡的小寶寶溝通，有個特別的方法叫「自動書寫」（Automatic writing）。請攤開一張紙，拿起筆集中注意力，小寶寶就會表達他的意思，讓你自然而然地動筆寫下文章或畫圖。

懷孕期間，媽媽突然變畫畫高手

有位媽媽對畫畫一竅不通，但懷孕之後她感受到小寶寶很想畫畫，於是買了畫具。起初都是畫很簡單的圖，幾次過後，圖畫變得越來越複雜，顏色也越來越鮮艷，她明確感受到小寶寶要傳達的訊息。

但這位媽媽懷第二胎的時候，反而一點都不想畫畫，所以小寶寶的興趣也會因個性而不同。有些小寶寶對自動書寫沒興趣，比較想唱唱歌，或是自由地活動身體。

透過直覺感受小寶寶的心情、發揮創造力，除了能加深母子間的情誼，媽媽也能夠放鬆身心。發揮玩心的溝通方式，在懷孕期間是很有趣的嘗試。

21

解讀「胎話」，減少未來的育兒問題

育兒問題其實就是「溝通問題」

據說孩子們出生前，都是待在軟綿綿如天堂般的「雲上」。在那個沒有軀體的世界，溝通不會有問題。一切被愛包圍，所有的想法都是靠心電感應。

相較之下，地面上人們的溝通就顯得困難許多。小至家中的爭吵，大至戰爭，一切衝突的根源都是「溝通問題」。地上的人類社會可說是「溝通的練習場」，多數在社會上生活的人，有時會反覆經歷失敗或艱難，進而學會表達心情的技巧。

善用孕婦敏銳的「直覺」，讓小寶寶快樂長大

懷孕是練習溝通的絕佳機會，因為傳達心情的對象語言不通，而且還是看不到形體的小寶寶。

其實溝通需要用到的語言很少，想達成良好的溝通，「直覺」非常重要。懷孕期間小寶寶和媽媽的身體相連，媽媽的直覺會變敏銳，這對增進溝通是最好的條件。

和腹中的小寶寶對話，讓自己成為溝通達人。這麼一來，等小寶寶出生後，你就能輕易察覺他的心情。

媽媽若能盡早回應小寶寶的需求，小寶寶就不會一直吵鬧。媽媽也不會為此感到孤單痛苦，可以從容面對一切。如此一來，小寶寶成長過程會更加開心，形成良性循環。

22

擁抱過去的自己，才能給孩子完整的愛

有人說，育兒會反映出過去兩代的歷史。也就是說，媽媽的生活方式和教育，以及奶奶的生活方式和教育會產生影響。從小在愛中長大的人，養育孩子時能尊重孩子。等到孩子長大成為母親，也會用相同的方式去對待自己的孩子。

另一方面，感受不到父母之愛的人成為母親後，即使告訴自己「我不要變成那樣的媽媽」，生下孩子後卻不知道如何愛孩子，因而相當痛苦。

我把這種情況稱為「○○家的詛咒」。為了解開「詛咒」，必須先明白自己受到「詛咒」。懷孕及生產這段時期，正好打開這個世界與那個世界的門，這是解開詛咒的大好機會。

感受寶寶的想法，能撫平自己缺乏愛的記憶

成長過程中有過痛苦經驗的人，請試著想像一下：你的出生是為了解救人生不如意的奶奶、你是充滿勇氣的靈魂，要對那樣的自己感到驕傲，擺脫幼時的悲傷回憶，你就能用不同於奶奶的方式養育孩子。

然後，請試著去感受腹中孩子的想法。住在你身體裡的小寶寶，希望治好你內心的傷、為你帶來歡笑，讓你知道活著的美好。

經常利用直覺和肚子裡的小寶寶溝通，一直束縛著你的詛咒，就會像煙霧般消散無蹤。為了讓小寶寶安心來到這個世界，希望每位媽媽都能在生產前解開自己心中的芥蒂。

23

媽媽的「好心情」可以治癒一切生產問題

心中湧現怎樣的感情，大腦就會分泌相應的荷爾蒙。媽媽開心時會分泌「喜悅的荷爾蒙」，難過時是「悲傷的荷爾蒙」，生氣時則是「憤怒的荷爾蒙」。透過臍帶傳送，小寶寶用全身在接受媽媽的感情。

懷孕期間，每天都過得很快樂的媽媽，她的孩子說：

「在媽咪肚子裡的時候很開心！啊，真想回到媽咪的肚子裡。」

由此可知，那段日子他過得很幸福。另一方面，媽媽困在不安的情緒中，小寶寶也會被負面情感籠罩，心想「為什麼媽媽和我在一起那麼難受？」「我幫不了媽媽、我是個沒用的孩子！」說不定還會因此封閉內心。

你可以單純為「孩子的到來」感到開心

懷孕期間，媽媽隨時都和小寶寶在一起。這世上，小寶寶最愛的人就是媽媽，所以才會住進媽媽的身體。媽媽們請記住，那是何其幸福的事。

心情鬱悶的時候，想想肚子裡的小寶寶，把手放在肚子上告訴他：

「小寶貝，每天和你在一起，媽媽很開心唷。」

對小寶寶付出關愛後，媽媽的情緒也會變得穩定，分泌幸福荷爾蒙，流進小寶寶的身體。這麼一來，他就能在肚子裡安心長大，媽媽的免疫力也會提升，使懷孕及生產的過程平安順利，育兒也不會發生不必要的問題。

媽媽的心情變開朗，就是送給小寶寶最棒的禮物。

24

媽媽心情不好，孩子就會忙著「大掃除」

孩子很努力清除媽媽的「情緒垃圾」

有個男孩說：「還在媽媽肚子裡的時候，媽媽一直咳嗽，我很擔心，所以很努力地打掃。」

「我在肚子裡打掃過喔！」好幾個孩子說過這樣的話。我問他們在掃什麼，得到的回答有：「媽咪吃不好的東西」、「媽咪不開心的心情」。

對小寶寶來說，接收媽媽的負面情緒，就像吸收菸酒、不健康的食物一樣令他們難受。

低潮過後，要謝謝辛苦的小寶寶

媽媽懷孕期間難免會感到心煩，可是小寶寶對媽媽的想法一清二楚，所以早點轉換心情比較好。無法擺脫負面的想法時，請告訴小寶寶：

「媽媽只是心情有點亂，很快就沒事了。你打掃得很累吧，對不起喔。」

然後接著說：「謝謝你幫我打掃。」

真誠地傳達感謝，小寶寶會覺得自己的辛苦沒有白費。孩子全心全意為媽媽著想，他們很努力地想幫助媽媽。所以，媽媽也要一起幫忙消除壞情緒喔。

25

突然想哭，也許是肚子裡的小寶寶被感動了

臍帶並非只單方面傳送母親的情報給小寶寶。小寶寶的老廢物質和二氧化碳等，也會透過臍帶傳回母親的身體，小寶寶的感情也是如此。

我曾經請幾位孕婦進行實驗，讓她們聽管風琴的演奏，調查小寶寶的反應。當時除了超音波、紅外線掃描，我也請來「對話師」一同參與實驗（「對話師」是經由直覺和肚子裡寶寶溝通的人）。

有位媽媽聽著不是她喜歡類型的曲子，突然間捂住眼角說「不知道為什麼我好想哭」。同一時間，胎動變得很激烈，原來是小寶寶受到音樂的影響。

母子的身體相連，感情也互相連結

對話師告訴我「小寶寶聽了這首曲子很感動。」原來是小寶寶將自己的感動傳達給媽媽了。後來又聽了幾首曲子，那位媽媽再度眼眶泛淚。

看到小寶寶的胎動又變激烈，於是我說：「小寶寶又被感動了呢！」

結果對話師說：「小寶寶說『這次不是我，是媽媽被感動了。』」

媽媽與腹中小寶寶的所有溝通都是雙向的連結。媽媽在懷孕期間突然感到開心或難過，有時是因為感受到小寶寶的感情。

了解這一點，以後當肚子裡的孩子情緒發生改變，媽媽就能更敏銳地察覺。

26

孕婦口味改變，是寶寶想給你的暗示

懷孕之後，喜好改變是常有的事。

精神科（靈魂科）醫師越智啟子提出一種獨特的主張：「從靈魂的階段達成療癒。」她和我分享了這樣的事。

越智醫師說有位母親諮詢：「我喜歡古典樂，但懷孕之後老想聽搖滾樂，我覺得很困擾。這對胎教是不是不好呢？」

於是，越智醫師試著和肚子裡的小寶寶溝通，結果發現那孩子在過去的人生（前世）曾是位搖滾歌手。原來想聽搖滾樂的是小寶寶，那位媽媽聽了之後，放心地笑了出來。

飲食習慣改變，代表孩子在暗示自己愛吃什麼

肚子裡的小寶寶雖然身體尚未發育成熟，但具有獨立的靈魂，所以會有明確的喜好。尤其是飲食方面的喜好，媽媽很容易察覺到。

常聽到媽媽們說：「懷孕之後，原本不喜歡吃的東西，變成最愛吃的。」而且等到孩子出生後，那些東西經常就是孩子愛吃的食物。也有媽媽說，懷第一胎和第二胎想吃的東西不一樣，之後那些東西各自成為孩子愛吃的食物。

其實孩子愛吃那些食物，並不是因為媽媽懷孕時常吃，而是媽媽感受到孩子的喜好。越智醫師還說：「媽媽懷孕後總想吃披薩，也許肚子裡的小寶寶前世是義大利人。老是想吃餃子或拉麵，說不定小寶寶以前是中國人。」

孕媽咪試著從自己的喜好變化，去想像小寶寶的個性，也是很有趣的事。

27

「胎位不正」原來是因為媽媽壓力很大

產檢異常是小寶寶有話要說

有位媽媽說：「我覺得懷孕時身體狀況的變化和異常徵兆，是出自小寶寶的信號。他發出信號，想讓我察覺到。」

這樣的經驗，我也遇過。一位媽媽因為孩子胎位不正（倒產）很煩惱。

我問她：「說不定是小寶寶有話想跟你說。請問你是不是有什麼壓力？」

她回答：「養育孩子讓我感到有壓力，和先生吵架也讓我很煩惱。」

與肚子裡的寶寶溝通，就能成功順產

詳談後發現，原來那位媽媽為了自己的事精疲力盡，忽略了家人的感受。聊著聊著，她流下眼淚說：「我的痛苦是我自己造成的。」

後來那位媽媽寫信給孩子：「老是對你們發脾氣，對不起。」也向先生道謝：「老公，你總是對我說『謝謝』，我卻不當一回事，很抱歉。」

等那位媽媽的情緒穩定之後，來診所進行胎兒外轉術（醫生把手放在孕婦肚子上調整寶寶的位置），雖然當時已接近臨盆，孩子卻很配合，只花幾分鐘就調整好胎位了。這次的經驗讓我體驗到，媽媽與小寶寶的溝通成功奏效。

28

「自我否定」的想法，讓你的子宮生病了

醫療現場常看到「意識直接影響生理」的例子。有位媽媽得知自己是前置胎盤（胎盤位置低，蓋住子宮頸口），於是不斷在心中默想「胎盤啊胎盤，請往上移」。結果胎盤的位置真的改變了，所以她不必剖腹生產。

雖然這件事很神奇，但有些子宮肌瘤的患者說：

「我父母原本想生男孩，知道我是女孩後，他們似乎很沮喪。」

「我還在肚子裡的時候，父母考慮過要做人工流產，我聽了大受打擊。」

「從小爸媽就說我是橋下撿來的。」

不知為何，這樣說的子宮肌瘤病患很多。

甚至有人會說：「要是我沒出生就好了。」

用心和身體對話，珍愛自己

自我否定的想法會導致身體生病，特別是子宮，那是容易匯集憤怒能量的地方。反之，了解這件事後，若能釋放憤怒能量，子宮肌瘤也可能會變小。

一位患者聽了我的說法後，分享她的感想：「我想起一件事。學生時期我是田徑選手，每次生理期來我都不當一回事。我會得到子宮肌瘤，也許是因為我不把自己當女人看待的關係，沒有好好照顧子宮。往後的每一天，我會和子宮說話，告訴它『別再讓肌瘤變大了』。」

過一段時間她再來做檢查，肌瘤真的變小了。

如果你想起懷孕時出現的問題，和自我否定的想法有關，請試著和身體對話。這麼做不會有藥物治療的副作用，說不定還能解開多年來的心結。

第2章

用孩子喜歡的方式，迎接他來到這個世界

「生產的幸福感比疼痛更強烈，讓我很想再生個孩子。」

「我還想再多睡一會兒。」

生產和育兒都要配合孩子的步調，讓他笑著出生。

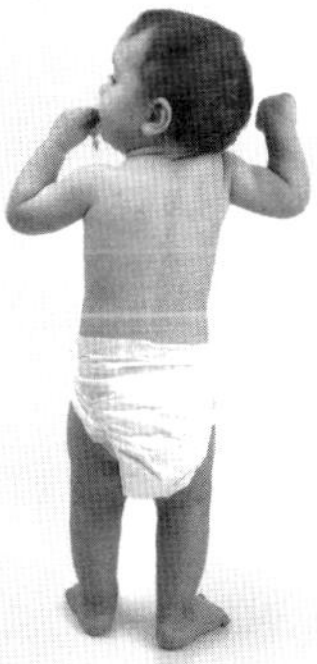

29

超過預產期別著急，有些寶寶想要慢慢來

醫學研究和胎內記憶指出，陣痛是胎兒引發的

我詢問保有胎內記憶的孩子「是媽媽還是小寶寶引發陣痛？」所有人都回答「小寶寶」。

最新研究認為，胎兒的肺泡表面活性物質（pulmonary surfactant）會使子宮肌肉亢奮、引發陣痛，這與孩子們的說法一致。我又問了孩子們關於出生的記憶，得到這樣的回答：

「我想差不多該出去，所以就出來了。」

出生的日子，由小寶寶決定

過了預產期還沒出生，令父親焦急難耐的孩子說：「我想再不出去就糟了。」

一些因為生產不順而使用催產劑出生的孩子，事後這樣抱怨：「我還在睡卻被吵醒了」、「我還想再多睡一會兒」。

自古以來，世界各地的人相信，出生的時刻會帶給人生獨特的能量。包含那樣的宇宙機制在內，小寶寶想在最適合的時間，依照自己的意思出生。

過了預產期還沒有出現陣痛的媽媽，內心容易焦慮不安，可是這樣的心理壓力對生產沒有好處。也請周遭的人不要追問孕婦「還沒生嗎？」只要說「小寶寶想慢慢來」就好。

30

孩子也會聽媽媽的話，決定出生的時間

生產的巧合，孩子們自己排隊出生

關於小寶寶何時出生，我有過幾次奇妙的體驗。據說漲潮或滿月的時候比較好生，但我不覺得有什麼差異，不過倒是有很多媽媽集中在某一天生產的情況。以前我遇過兩位同名同姓的媽媽，和一位同名不同姓的媽媽，三個人在同一天生產。

另外也遇過連續四位媽媽出現陣痛的情形。我想四位媽媽一起生會手忙腳亂，結果其中一位媽媽說：

「別擔心，我聽見小寶寶在對話。他們在討論『你要先出去嗎』、『那我排在你後面』」。最後，小寶寶果真一個接一個輪流出生。

可以告訴小寶寶，媽媽希望他在哪一天出生

我有時會因為出差而休診，不少小寶寶特意避開我出差的日子出生，我很感謝他們如此體諒我。

我還常聽到一些媽媽拜託小寶寶「要在〇號出生喔」，結果小寶寶真的就在那天出生。另一方面，如果媽媽說「還不要出來喔」，因而乖乖待在肚子裡等的孩子也不在少數。

所以，雖然出生日期是由小寶寶決定，但媽媽若有自己屬意的日期，可以試著拜託小寶寶，他很可能會回應媽媽的請求。

31

撐過陣痛的最佳方法，就是期待陣痛來臨

陣痛並非只有疼痛，開始出現陣痛後，大腦分泌的β腦內啡或多巴胺等荷爾蒙會在體內循環。β腦內啡有天然麻藥的作用，會使人產生「跑者的愉悅感」（跑步時產生的恍惚狀態）；多巴胺則是製造幸福感的荷爾蒙。

陣痛不會一直持續，最長不過一分半鐘，通常都在一分鐘內結束。陣痛與陣痛之間不會痛的時間，比陣痛來得久。沒有陣痛的時候，荷爾蒙仍會持續分泌，有些媽媽甚至會舒服到想睡覺。

陣痛也不像大浪般猛烈，而是像小小的浪花，等身體逐漸適應後才增強。

改變對生產的想法，人生也能變幸福

有位在陣痛時發現愉悅感的媽媽告訴我：

「生產時我感覺到的幸福感，比疼痛更強烈，讓我很想再生個孩子。」

相反的，如果媽媽只把陣痛想成「很痛、很討厭」的事，在下次陣痛來臨前就會非常不安，等到陣痛過去，留下「真的很痛」的記憶。因此，就算沒有陣痛的時候，也會覺得很不舒服，感受不到幸福荷爾蒙的效果。

生產好比人生的縮影，遇到試煉會使自己提升到新的境界。但這個過程，會因為個人的想法變成幸福或是辛苦的經歷。「幸」與「辛」這兩個字，差別只在上方的那一橫，你的一個念頭就能改變結果，人生與生產皆是如此。

能夠察覺到陣痛之間的愉悅感，就能成為在試煉中找到「幸福」的高手。這麼想的話，只出現一天的陣痛，便是教導我們人生意義的美好體驗。

32

孕期常和小寶寶交流，產後育兒不疲勞

絕妙的生理機制，讓媽媽生產後能立即照顧孩子

生產會對媽媽的身體造成很大負擔。不過人體為了守護媽媽，創造了絕妙的機制。陣痛期間，媽媽的大腦會分泌大量兒茶酚胺。這是感到憤怒或興奮的時候釋出的荷爾蒙，能使人不會感到疲倦。

假如媽媽產後累到無法照顧小寶寶，人類的生命就無法延續下去。生產本來就是原始的行為。傾聽本能的聲音，自然進行生產的話，過程中幾乎不會有問題。然而，現實並非如此。

懷孕時與寶寶交流，能幫媽媽找回「育兒本能」

婦產科有一種稱為「袋鼠式護理」的方法，讓剛出生的小寶寶與母親直接肌膚接觸（參照第113頁）。我剛引進這個方法時，有些媽媽感覺產後很疲倦，連抱抱孩子都不肯。

比起身體的本能反應（兒茶酚胺的作用），那些媽媽更相信「產後會很累」的常識，所以只想遠離小寶寶，好好休息。

人的大腦可分為三個部分：掌管生命存活的腦幹、掌管情緒的大腦邊緣系統、掌管理性的大腦新皮質。大腦新皮質會覆蓋另外兩個部分，持續進化。

現代人受制於大腦新皮質的理性，變得不會讀取腦幹釋放的本能信號。在生活方式偏離自然的現代，只對生產要求回歸本能並不容易。為了找回育兒的本能，請各位媽媽在懷孕時，多和肚子裡的小寶寶溝通，讓直覺變得敏銳。

33

產程快或慢，能看出寶寶的個性

耐心迎接與孩子的「初次合作」

生產需要媽媽和小寶寶的團隊合作。媽媽感受並配合小寶寶的節奏，小寶寶就能安心出生。小寶寶的個性會反映在出生的方式上。性急的小寶寶，生產進行地很快，溫吞的小寶寶則會慢慢出生。

生產過程中，有些媽媽會因為陣痛身體變虛弱，或是因生產時間延長感到焦慮。有時需要醫療手段介入，但只要不危及母子的健康，通常配合小寶寶的步調，就能安全順產。

「相信並尊重孩子」是順利生產、成功育兒的祕訣

對小寶寶來說，花時間從產道往下移是很辛苦的事。不過身體被輕輕壓住向外移動的同時，因為胸部受到壓迫，就會吐出羊水。這麼一來，離開媽媽的肚子後開始呼吸，肺部吸入羊水的情況就會減少。

有些小寶寶會基於某些理由慢慢出生，例如使用催生劑出生的孩子說：「我想自己解開繩子（臍帶），可是因為媽媽急著要我出來，害我被勒住脖子，當時好難受。」

當臍帶纏住小寶寶身體時，如果急於生產使臍帶的血液受阻，小寶寶會感到很痛苦，導致陣痛暫時變弱，拉長生產時間。

生產及育兒都不要操之過急，相信孩子、尊重他們的步調，便能創造最好的親子互動。

34

生產發生緊急狀況，最好先問孩子的意見

在某次生產中，快要離開媽媽肚子的小寶寶，心跳突然變慢了。分娩時間被拉長，我認為小寶寶應該很痛苦，於是進行真空吸引。沒想到，小寶寶出生後大哭不止。

大部分的新生兒只要讓媽媽抱著，五分鐘內會停止哭泣，但那孩子連續大哭了一個小時，臉上露出抗議似的表情：

「都是你幫倒忙！我自己可以出來。」

「真對不起。因為你好像很痛苦，所以我想幫你。」

儘管已經道了歉，我心中還是充滿歉意。

重視孩子的想法，才是真的「為他好」

過了不到一個月，又發生相同的狀況。經過上次的反省，我在心中問小寶寶「我幫你好嗎？我拉你出來。不過那會很痛，你忍得住嗎？」結果我感覺到小寶寶回答「好啊！」所以進行了真空吸引。

事後，我帶著忐忑的心去看小寶寶，他臉上露出平靜的表情，像在對我說「謝謝」。此後，每當我要做真空吸引，一定會先取得小寶寶的許可。所以再也沒出現過大哭不止的小寶寶。

不光是生產，養育孩子也是如此，就算父母自己覺得是好事，倘若忽視孩子的意願，那就只是大人自私的表現。即使是相同的處理方式，是否將小寶寶視為獨立的個體來尊重他，孩子的感受會有很大的差異。

35

陪太太經歷生產，先生會更有責任感

準爸爸陪產，父愛加倍累積

多數媽媽都希望先生陪產。陪產除了陪太太進產房，我也建議先生積極參與生產過程。當太太因為陣痛憋氣出力時，如果先生陪在一旁，太太會使出驚人的力量抓住先生。先生抱著痛到抓狂的太太，或是握她的手、撫摸她的腰，自己也搞得滿身大汗。

生產結束後，太太終於放鬆下來，先生也會覺得像是自己生了孩子一樣鬆一口氣。於是會好好珍惜拼命生下孩子的太太，並對剛出生的孩子更加疼愛。

做好準備再陪產，育兒時全心衝刺

陪產體驗可以讓爸爸積極參與育兒。而且對媽媽來說，能與先生一同度過痛苦，會成為精神上的支持。這種優點受到關注後，陪產成為趨勢，但我認為準爸爸應該要仔細考慮，不能草率決定。

想著「因為大家都那麼做」而勉強陪產的先生，聽到太太的尖叫聲，或是看到血受衝擊，有些人會後悔「陪產真折磨人」，或是產後性生活出現障礙。

此外，有些先生卯足全力想幫助太太，但實際上什麼忙都幫不上，反而會因此產生無力感。

為了讓陪產成為有意義的體驗，先生事前和太太一起參加孕婦或爸爸講座，了解生產的情況比較好。生產不是只有當下一時片刻的事，希望各位爸爸在孩子出生前就要多和他說話，把陪產當作接下來育兒的接力站。

36

有陪媽媽生產的小孩，手足之情更深厚

讓小哥哥、小姐姐陪產也是很棒的事。有些媽媽擔心孩子看到自己痛苦的樣子，可是其實他們的反應都很沉穩。

小哥哥、小姐姐會努力撫摸媽媽的腰、鼓勵媽媽「沒關係，有我在」，看到那樣的場面讓人覺得，參與生產能夠使人得到勇氣與活力。

就算是年幼的孩子，他們見到小寶寶出生，會張大眼睛看著生命誕生的那一刻。讓孩子陪產，也有助於進行性教育。但是和先生陪產一樣，如果突然帶孩子進產房，就無法變成有意義的體驗。

讓孩子陪產，哥哥姐姐不會嫉妒小寶寶

當小寶寶還在肚子裡的時候，必須讓小哥哥、小姐姐和他說話，先做好心理準備。孩子和肚子裡的小寶寶說話，並且參與陪產，將來會比較能夠接納小寶寶的存在，不會產生嚴重的嫉妒心。

我常聽到小哥哥、小姐姐放學回到家後，總是很想幫忙照顧小寶寶。兄弟姐妹比任何朋友相處的時間都來得久，彼此感情融洽地玩在一起，心裡有什麼話都能直說。

有些兄弟姐妹就算在出生前的靈魂階段相處融洽，來到人世也會為了爭奪父母的疼愛變成敵人。育兒困難最大的原因之一，就在於兄弟姐妹感情不好。只要手足相處沒問題，父母的育兒辛苦即可減輕不少。

37

迎接新生命，是修補母女親情的好機會

在我的診所裡，也有外婆陪產的情況。過去外婆那一代的孕婦生小孩時，正逢出生率極高的嬰兒潮，婦產科總是忙得不可開交。一旦生產不順利就馬上剖腹，要是生產順利，產後也沒做妥善的處理。

當時沒有考量到母子的心理狀態，常常是媽媽一個人獨自面臨懷孕、生產，因此後排斥「生孩子」的人很多。家人增加了，但先生（外公）埋首工作，無暇顧及家庭，在那種情況下養育孩子會是多麼孤單、不安。

有此經歷的外婆參與孫子出生，可以體驗到不同的生產方式，很多人都不由自主地感動落淚。感覺自己痛苦的經驗得到療癒，有些外婆甚至說：

「我好像重新生了一次女兒。」

「如果是這樣的生產，我就會想再生一個。」

和媽媽分享「不孤單」的生產，化解母女心結

看到自己媽媽感動的模樣，孕婦也會感受到「原來媽媽是用那樣的心情生下我」，由此化解母女間的心結。但也不是所有外婆陪產都會成為美好的體驗。有些外婆因為女兒生產不順感到不安，忍不住出言責備：

「我生你的時候明明就很順利。」

「真的沒關係嗎？我看還是轉院比較好吧。」

這些話讓女兒產生壓力，導致生產更加困難。如果可以的話，請好好把握生產這樣難得的機會，把它視為改善家庭關係的契機。

38

順產的標準不在於時間長短，而是寶寶的笑容

新生兒的表情也能傳達很多訊息

剛出生的小寶寶露出微笑，稱之為「原始反射」，是無意識的笑容。不過某天，有個來做滿月健康檢查的小寶寶，看到我笑了出來，我明顯感覺到那是小寶寶發自內心的笑容。

此後，我經常觀察新生兒的表情。發現他們會有開心、滿足、生氣或是埋怨的表情，變化相當豐富。

「（出生時）我被嚇到，所以哭了。」小孩子會像這樣察覺自己的心情。

難產五天出生的孩子，臉上卻帶著盈盈笑意

產前心理學的先驅，大衛・錢伯倫博士（David Chamberlain）曾說，良好生產的基準是「小寶寶出生時有沒有笑」。

「良好生產」指的是陣痛到分娩的時間很短，小寶寶順利出生。可是對小寶寶來說，良好的生產未必等於「花了多少時間」這種外在的指標。

以前有個小寶寶出生時一臉滿足，宛如笑咪咪的彌勒佛。可是，從媽媽的子宮頸口全開到出生總共花了五天的時間。那孩子的表情像是在說：

「謝謝你們等我出來！」

因為羊水混濁，我替孩子從鼻子裡吸出羊水，但他始終是一副幸福的表情。從時間上來看，這孩子是難產中的難產，可是從他的表情來看，卻覺得是最棒的順產。

39

自然產或剖腹？媽媽別預設「最好的生產方式」

配合小寶寶步調生產的好處已廣為人知，但無論如何都想要自然產的媽媽仍持續增加。沒有醫療介入固然很好，可是不見得每個媽媽都能如此。

基於各種理由，有些剖腹產的媽媽會產生失落感、失去自信，甚至連之後的育兒也很不順利。關於剖腹產，有各式各樣的誕生記憶：

「有一把刀插進媽媽肚子裡，好可怕！」

剖腹產會對小寶寶造成負擔，能避免是最好。不過，只要媽媽充分理解後再向孩子解釋，就無須擔心會留下嚴重的心理創傷。

剖腹產並不會影響母子感情

索尼（SONY）創辦人井深大所成立的幼兒開發協會，做過一項調查，發現母子感情最深厚的三對親子都是剖腹產。

而且有個孩子是因為發現生病了，緊急進行剖腹產，出生後立即接受辛苦的治療，但孩子卻毫不在意地說：「因為肚子裡變得很擠，能夠出來真是太好了。輕輕劃一下我就被抱出來了，沒什麼特別的感覺。」

另外，有個孩子因為胎位不正而剖腹，他說：

「我本來想在別家醫院出生，因為想看到醫師才來你的診所。」

其實任何生產對媽媽和小寶寶都是必然的事。因此，不要拿內心期望的生產方式和實際的生產比較，做出扣分的評價。

堅持自然產和想要徹底避免意外的管理分娩一樣，都很不自然。

40

一百位媽媽，一百種生產方式

如果有一百位媽媽，就會有一百種生產方式。我要求診所的助產士要「重視每位孕婦」、「幫助她們消除內心的不安」，在生產的當下做出判斷，給予孕婦最需要的身心照護。

沒人知道生產何時會來臨。即便之前的生產很順利，並不表示下次的生產也會如此。因此我的診所沒有指導手冊，一旦有了手冊，就會產生依賴，無法養成現場判斷的能力。

根據媽媽們的回應，在每次的生產現場交流訓練，才能造就出「良好的生產」。我想，養育孩子也是這樣吧。

育兒如同生產，要為孩子量身打造

現代的媽媽大多生長於核心小家庭，不少人是生孩子後才第一次抱嬰兒。這些媽媽常會依賴市面上各式各樣的育兒書籍，當作養育孩子的參考。

可是就算有參考書籍，還是沒有完全符合的情況。在我的印象中，大致符合育兒書的情況是兩成，勉強符合佔六成，剩下兩成的人完全不適用。徹底遵從育兒書的媽媽，如果做不到書中寫的內容會很自責，然後越來越痛苦。

養育孩子必須仔細觀察孩子、自己做判斷。累積這樣的訓練後，堅定告訴自己：「我家孩子的育兒書我自己寫」。

教養孩子感到困惑時，請仔細觀察孩子的表情，問問他的想法。一定要相信孩子的知性，育兒不是媽媽一個人孤軍奮鬥，而是親子的團隊合作，請為孩子量身打造最適合他的育兒方式。

41

孩子出生後，最需要媽媽的擁抱

新生兒會發自本能，尋找媽媽溫暖的懷抱

一直待在媽媽肚子裡受到保護的小寶寶，出生後第一個願望是「被媽媽抱入懷中」。出生不到幾小時，就被放入保溫箱的孩子說：

「我想趕快被媽媽抱，卻被放進玻璃箱。」

我也常聽到孩子說：「和媽媽分開，變成自己一個人，我好傷心。」

大部分的婦產科現場，新生兒會被帶離媽媽身邊，進行身體測量、做檢查。可是，如果小寶寶很健康的話，其實不需要急著做那些事。

「袋鼠式護理」能讓母子感情變更好

在我的診所裡，小寶寶一出生、臍帶都還沒剪，我就會請媽媽抱抱孩子，讓母子有肌膚碰觸，這種方法稱為「袋鼠式護理」。媽媽把小寶寶放到肚子上，原本在哭的孩子會停止哭泣，露出舒服的表情。

過一會兒，小寶寶會自己爬到媽媽的胸前吸母奶。

此時，媽媽體內會分泌製造母乳的泌乳素荷爾蒙，當小寶寶吸奶時，還會分泌催產素。泌乳素和催產素都有加強好感的作用，進行袋鼠式護理會加深母子感情，對育兒有很大的幫助。產後馬上喝母奶的孩子說：

「母奶很溫暖。」

如果可以的話，希望所有的小寶寶都能體驗那種被疼愛的平靜時刻。

42

相信有「守護天使」，撫平面對生產的不安

醫療進步也不能保證生產「百分之百平安」

精神科（靈魂科）醫師越智啟子曾說：「無論是誰，都有守護天使陪在身邊。」所以我每次接生都會請求「看不見的人」幫忙：

「媽媽的守護天使，請你好好保佑她。寶寶的守護天使，請你好好保佑他。」

當然，我也會請求自己的守護天使「好好保佑這次的生產」。

現代進產房不像過去孕婦的死亡率較高，但生產依舊是攸關生死的大事。

小寶寶從靈魂的世界來到人世時，通往那個世界的門也打開了。為了迎接

安全的生產，竭盡所能絕對必要，但我也常感受到生產過程中，會出現超乎人類智慧的力量。若想用人類的醫療技術去控制生產，是很傲慢的想法。

生產難以預期的事，就交給「守護天使」吧

因此我會向孕婦建議，想像有守護天使的存在。

以前的人不管生活大小事，都會向神明或佛祖報告。現在許多人沒有特定的宗教信仰，就算被要求「向神明祈願」也無法理解為何要那樣做。所以如果是想像「無論是誰，都有守護天使陪在身邊」，或許比較容易接受。

想到自己被守護著，心情上也會比較放鬆，讓生產順利平安。

43

感謝子宮、胎盤、臍帶，幫助孩子順利出生

小寶寶在肚子裡成長是神祕壯麗的過程，媽媽的身體像是完美交融的小宇宙，孕育著新生命。

記得向子宮說：「謝謝你養育小寶寶、謝謝你努力支撐胎盤。」

向胎盤說：「謝謝你健康地支撐著小寶寶。」

向臍帶說：「謝謝你為小寶寶輸送營養。」

請像這樣，表達感謝之意。

除了守護天使，我也會在心中和小寶寶說話。進行胎位外轉術時，我告訴小寶寶：「如果你覺得現在這樣沒關係，那我不勉強你，可是小寶寶的頭朝下

比較好出來。你願意讓我幫忙嗎？」

神奇的是，當我感覺小寶寶同意我那麼做時，手術都會進行得很順利。

有感激的心意，疲累的軀體就能得到撫慰

生產的時候，對子宮說：

「謝謝你讓小寶寶長那麼大。小寶寶就要出生了，請幫幫我。」

再對臍帶說：

「請不要纏住小寶寶，那會讓他很痛苦。」

像這樣，說出感謝及請求。為了讓小寶寶來到這個世界，媽媽的身體非常努力。因此請別忘記感謝自己的身體，這樣真的能讓身體得到慰勞。

第3章

不會說愛的孩子，最愛你

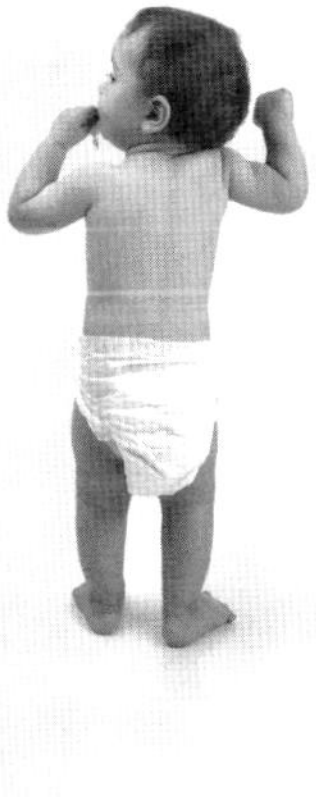

「生下小寶寶就能變幸福」是錯誤的想法。

孩子不是爸媽的裝飾品，他是為了幫助父母成長而來。

44

回想出生的原因，人生原來很有趣

孩子來自與世無爭的「雲上世界」

有些孩子曾提到住進媽媽肚子前，在另一個世界的情形。他們都形容出生前的那個世界，軟綿綿的很舒服，待在那兒非常安心滿足。多數孩子會用「雲上面」形容那個地方。某些孩子說自己在那兒和其他小朋友一起玩，有神仙守護他們，還有天使和妖精。

靈魂在歸屬感中感到幸福，是理所當然的事。因為在沒有肉體的狀態下，不需要區分自己與他人，自然不會有爭奪、競爭。

知道孩子出生的原因，能得到積極生活的動力

如果靈魂的世界那麼美好，我們為何要來到這個驚濤駭浪的「人世」呢？某位保有出生前記憶的女性回答了這個問題：

「的確，在雲上面不會肚子餓，也不會感到難過。雖然過得非常幸福，可是很無聊！」

看來她是厭倦了單調的生活，所以來到這個世界。每天過得慌張忙碌、遭遇大大小小的考驗，讓人不禁感嘆「人生真辛苦！」不過，對出生前的靈魂來說，這種喧鬧的人生充滿活力，非常吸引人。

也許我們就是為了想過鬧劇般的生活，才來到人世。這樣想的話，面對眼前的考驗，就有動力積極面對。

45

孩子說「是我選了媽媽」，你因此成為母親

根據孩子的說法，他們從雲端眺望世界時會說：「那個媽媽好可愛、她好漂亮、她感覺好溫柔」，一邊討論、一邊思考自己要在哪裡出生。

「雲上面有很多小朋友，我們從雲上往下看，選好想去的家就下去了。」

「我想如果是那個媽咪應該會很疼我，所以就去當她的孩子。」

「我的同伴還有兩個男生，我們一起討論要選哪個媽媽，最後我選了現在的媽咪，因為她很溫柔。」

有個孩子決定去充滿笑聲的家：「我自己選了爸爸媽媽。那時聽到家裡傳出笑聲，有個不認識的大叔問我，這個家好嗎？我回答好啊。」

對孩子來說，每個媽媽都是獨一無二的存在

有些孩子清楚知道自己想過怎樣的人生，為自己選擇最合適的媽媽：

「我想成為女明星，所以選了媽咪。天上的樓梯站了很多媽媽，我覺得媽咪最漂亮，如果她是我的媽媽，她會讓我成為女明星。」

媽媽聽到孩子說「是我選了媽咪」，經常會有這樣的感想：

「我非常感動。一直以來，我都把孩子當作『我的』孩子，但其實孩子是獨立的靈魂，並不是父母的所有物，所以我必須尊重他。」

小寶寶選擇母親，遠從雲端來到人世。知道這件事，是不是覺得很溫暖、很窩心呢。你是孩子從全世界精選出來，獨一無二最棒的母親。

46

不是父母製造了生命，懷孕只是「靈魂的相遇」

人類無法解開的「生命之謎」

孩子是上天的「賜予」，不是被製造出來的。即使運用最尖端的醫療技術，我們至今仍無法揭開受精的神祕過程。最健康的卵子與精子結合，也未必能成功受精。

進行體外人工受精時，選擇活動率高的精子最為理想。可是就算精子活動力旺盛，用滴管吸取的時候，有些精子會急著躲避，像是在說「不是我」。如果勉強使用那樣的精子，便無法成功受精。

「懷孕」是一場奇蹟般的相遇

另一方面，在顯微鏡下積極表現「選我、選我」的精子，受精成功的機率會比較高。有位從事不孕治療的胚胎培養師曾說：

「顯微受精順利的時候，受精卵會發光。」

接受體外人工受精而懷孕的媽媽當中，也有人說：

「受精成功後，卵子放回子宮時，診療室的天花板好像消失了，我彷彿看到一片寬廣的藍天。」

這就是「懷孕」，是小寶寶和媽媽靈魂的相遇。

47

小寶寶在懷孕之前，就一直守護著媽媽

住進媽媽肚子之前，一直守護著爸媽的小寶寶很多。有位媽媽因為工作忙碌，從沒想過要生小孩，某天她夢到一個可愛的小女生，心中確信那是她的女兒。於是她的心境突然轉變，改變生活方式，也開始注意飲食，沒多久就懷孕了。小寶寶出生後，真的和她夢中的小女生長得很像。

還有一位媽媽也是因為忙於工作，延後懷孕的時機。後來在她覺得適當的時期懷孕，女兒出生後向她抱怨說：

「我等了好久喔！因為媽媽一直很忙。」

為了和媽媽相遇，孩子等了很久很久

偶爾也會有說自己出生前見過媽媽的孩子，某對兄妹說：

「媽媽還是國中生的時候，我來見過她一次，那時還在想選這個人好嗎？當時妹妹也在。我們在天上一直看著媽媽，覺得她是個可靠的人。」

有趣的是，這位媽媽國中時也做過奇妙的夢。夢中她在房裡睡覺，院子站著約莫十歲的男孩和六歲女孩，他們走進家裡摸了她的肚子。那位媽媽說：

「當兒子和女兒長到那樣的年紀時，我發現他們的身高差距和夢裡的兩個孩子幾乎相同。那時我第一次感覺到，或許夢中看到的就是出生前的孩子。」

小寶寶與媽媽的感情連結，從小寶寶住進媽媽肚子前就開始了。許多人都想「等懷孕了再來注意生活方式」，可是懷孕前先和小寶寶的靈魂溝通，調整好自己的身心健康才是理想的狀態。

48

小生命會發出溫柔的光，圍繞懷孕的媽媽

孩子記得自己的靈魂在發光

調查出生前記憶的過程中，讓我想到說不定「光」就是靈魂的關鍵字。

有個男孩說：「出生之前，我是一團光喔！我還有很多光的朋友。」

一位四歲男孩也說：「住進媽媽肚子前，其實我選了別的媽媽，可是那個人看起來很兇，所以我就放棄了。後來看到媽媽感覺她很溫柔，就決定要成為她的孩子，然後我變成透明的藍光，咻～地進入媽媽的肚子裡。」

還有很多媽媽因為聽到孩子說：「小寶寶在發光唷！」才知道自己懷孕。

媽媽從微小光芒中，看見女兒短暫停留

感受到光的，不只是孩子。有位媽媽看到微小的閃光在身邊轉啊轉，她感覺「小寶寶來了」，之後沒過多久便懷孕了。

許多媽媽說，小寶寶離開人世後，常看到微小的光一閃一閃，於是知道「孩子來找我玩了」。陣痛的喜悅彷彿曇花一現，產出死胎的媽媽說：

「女兒出生的那一晚，老舊昏暗的病房閃著金色的光，空氣中充滿溫暖的愛。就連我先生也說了好幾次『燈好像變亮了』。後來我們哭了，但那是感動的眼淚，不是悲傷。」

靈魂是光，因為受精住進肉體，離開人世時，那團光會離開肉體，再度回到雲端。

49

有些孩子是為了傳達「媽媽，我愛你」而出生

育兒煩惱讓人想起「什麼是愛」

「我是為了說『媽媽，我愛你』才出生的喔！」有個男孩這麼說。

這是多麼棒的一句話啊！無論是怎樣的小寶寶，都是為了向父母傳達愛，讓他們察覺靈魂存在——孩子帶著這樣的任務來到人世。

我把小寶寶要傳達的訊息，稱為「神捎來的信」。他們是天堂來的郵差，為我們帶來容易忽略卻重要的事。

小寶寶為所有大人捎來神的信息

父母在漫長的育兒生活中會感到煩惱，透過與孩子交戰，慢慢地閱讀神捎來的信。然後想起什麼是愛，活著又是怎麼一回事。

不只父母會收到神捎來的信，兄弟姐妹、爺爺奶奶等，和小寶寶有關的人，至少都會收到一封。

在生產現場，我也感覺到小寶寶將神捎來的信帶給醫療人員。尊重小寶寶的生產方式，小寶寶出生後會露出「很棒」的滿足表情，使我察覺靈魂的重要性。另一方面，如果想著「生產不過如此」，很有可能突然發生意外。

懷孕、生產讓人看見超乎人類智慧的生命奧妙。持續經歷這樣的過程、迎接小寶寶來到人世，令我覺得這真是世上最神奇又美好的事。

50

孩子帶來愛的能量，延長媽媽的生命

讓自己的生命發光，就能順利度過人生關卡

了解未知世界的人，曾經與我分享奇妙的經驗。

人的壽命沒有固定的長度，在每個人生關卡，或許都有回到靈魂世界的機會。只要順利通過那個關卡，就能繼續活下去。

假如因為某種緣故，使人生出現缺口，走到關卡時就會驟失生命。不過，生命之光變強的話，便能堵住缺口，順利通過。

為了回應孩子的愛，媽媽可以「再努力一下」

孩子對父母的愛，具有填滿人生缺口的強大力量。孩子為了幫助媽媽從雲端來到人世，媽媽則回應孩子的愛，發自內心去疼愛孩子，孩子就能給媽媽更多的愛。

於是，親子形成美好的相愛循環，媽媽的生命之光增加，就算在人生關卡出現缺口也能堵住。因此，媽媽不會輕易失去生命。

有個男孩說：「我在媽媽肚子裡的時候假裝睡覺，把肚子裡的這兒和那兒連起來，讓媽媽變健康。所以媽媽會長命百歲，沒問題的！」

孩子真的是全心全意為媽媽著想。察覺孩子的愛，所有媽媽都可以重新獲得力量、讓自己堅持下去。能夠用健康的身心迎接孩子，是很棒的事。

51

各種教養問題，隱含孩子想給你的訊息

別用「生孩子」解決人生難題，小寶寶不屬於媽媽

我接觸過許多媽媽，想要藉由懷孕填補人生的空虛感，令我很擔心。

「只要有了孩子，先生或許就會回心轉意。」

「生下孩子，說不定能找到生存的意義。」

有些媽媽會像這樣對孩子產生依賴。她們養育孩子時，如果情況不如預期，就會慌了手腳。儘管小寶寶想幫助媽媽，但這並不表示他們要成為媽媽人生的裝飾品。幫助媽媽成長，是小寶寶從雲端帶來的禮物。

「育兒問題」是小孩幫助媽媽成長的禮物

孩子為了擴展媽媽的能力，安排了各種狀況。例如不聽話、生病或受傷；再長大一點，可能和朋友吵架、在學校裡闖禍。孩子脫序的行為，甚至會令媽媽對深信不疑的價值觀產生疑惑。

乍看之下，會覺得只是各式各樣的麻煩事，但每件事都隱含了孩子要給媽媽的訊息。養育孩子感到力不從心時，請試著感受看看在那些狀況當中，孩子想對你說什麼。

52

新生兒時期，小寶寶會考驗父母的決心

孩子生來就是要和媽媽共同成長

有位媽媽懷孕後先生失蹤了，她很猶豫要不要拿掉孩子。向對話師諮詢，小寶寶的訊息是：「要不要生我都沒關係。生下我，媽媽會很辛苦。如果拿掉我，媽媽會後悔難過。兩種決定都很痛苦，交給媽媽決定。」

最後，那位媽媽選擇生下孩子，她笑著說「自己養孩子確實很辛苦，但孩子很可愛」。那時我察覺到，有些孩子是為了促使媽媽做出人生決定而來。

曾經有個小寶寶出生後幾小時心肺停止，主治醫師宣告「我不保證這孩子

能活命，就算獲救，恐怕也會一直躺在床上」。

可是小寶寶的母親不放棄。每天祈禱、持續按摩，小寶寶迅速恢復，一星期後完全康復。電腦斷層掃描腦部沒有出現異常，不到一個月就出院了。

那位媽媽說：「孩子心肺停止時，我想這或許是最後一次考驗我的決心。懷孕時我為了許多事煩惱，生產前我決定拋開疑慮，為自己的人生而活。假如沒有那樣的覺悟，小寶寶或許就回去那個世界了。孩子回應了我的祈求，我更加堅信他的意志與生命力。」

有時候醫學上沒發現任何異常，心跳卻突然停止的小寶寶，和這孩子一樣原以為沒救了，最後仍健康長大。每個小寶寶出生都有自己的個人意志，並且在出生過程中和媽媽的內心成長產生共鳴。

53

孩子會刻意選擇「好像很辛苦的媽媽」

小寶寶選擇媽媽的時候，最受歡迎的是「感覺很溫柔的媽媽」。但不少孩子也會選擇「看似孤單的媽媽」、「哭泣的媽媽」、「好像很辛苦的媽媽」。

「我找遍全世界，現在的媽媽最棒。她似乎很孤單，我想要是我來了，她就不會孤單了。」

有個男孩那麼說。他是個心地非常善良的孩子，獨自撫養他的媽媽把他當成心靈支柱。小寶寶都懷有遠大的夢想，覺得自己可以幫助媽媽，於是滿懷信心住進媽媽的肚子裡。他們希望自己出生後能讓媽媽笑，令媽媽感到幸福。

育兒感到無力時，想想孩子為你而來的勇氣吧

「謝謝你，讓我知道生命的美好。」

「謝謝你，出生成為我的孩子。」

媽媽感受到小寶寶的支持，心中有感謝的想法，便能產生親子一起活下去的動力，小寶寶的任務就算圓滿達成。可是，如果媽媽心想：

「沒想到養孩子那麼累。」

「孩子都不聽話。」

孩子覺得自己讓媽媽煩惱、露出憂鬱的表情，他會非常沮喪。

如果父母為育兒感到很累、很痛苦，請想想刻意選擇這種狀況出生的小寶寶，他們是多麼有勇氣才會降生到世上、成為你的孩子，各位家長都應該以此激勵自己好好振作。

54

小寶寶為什麼選擇虐待自己的父母？

有些靈魂來到人世是為了傳達「生命的重要」

「小寶寶自己選擇父母，出生來到人世。」

每當我這麼說，就會有人問：「小寶寶也會選擇虐待自己的父母嗎？」

用人世間的價值觀很難理解，但保有出生前記憶的孩子說，那些小寶寶明明知道自己會被虐待，卻還是選擇那樣的父母。他們是為了告訴父母：

「不可以傷害別人。」

「要好好珍惜生命。」

因此刻意賭上生命，出生來到人世。假如孩子出生之後，父母能夠洗心革面、關愛孩子，那他的任務就達成了。

勇敢的孩子才能承受不幸的遭遇

在傳達「生命的重要」這個訊息被接收之前，那些孩子在下一次的人生或許還是會選擇虐待自己的父母。想到這點，我就感到非常心痛。

為了讓父母接收孩子的訊息，周遭其他人的支持與幫助也很重要。請不要用「好可憐」的眼光去看待選擇那種人生的小寶寶，而是要帶著敬意去看待這些充滿愛與勇氣的靈魂。

55

孩子會告訴你如何治癒心中的傷口

「如果不是出生在那樣的家庭，我會過得更幸福。」

很多人埋怨自己的家庭不夠理想，但我希望他們了解「人都是自己選擇父母，出生來到人世」。

人會藉由試煉，磨鍊自己的靈魂。等級較高的靈魂，不會滿足於一帆風順的人生，所以在成長過程中挑戰難關。

積極的靈魂會覺得辛苦的狀況充滿挑戰，能使自己進一步成長，於是選擇在世人眼中失職的父母。

在苦難中成長的人，請為自己感到驕傲

有位從小受到虐待的女性說：

「出生之前，我想為家中帶來和樂，所以住進媽媽的肚子。但後來聽到爸爸說『我不要小孩』、知道哥哥被虐待，覺得這樣的人生好沉重，變得不想出生。媽媽陣痛的時候，我拼命抵抗，還是擋不住強大的力量來到這個世界。」

這位女性出生後也遭受虐待，還想過要自殺。不過，當她生下孩子、養育孩子之後，對親子關係有了更深的體會。於是開始學著諒解父母，對過去的遭遇釋懷。她的愛也感動了母親，如今母女互相體諒，相處十分融洽。這位女性完成了降生時想「帶來和樂」的任務。

生長於嚴酷環境的人，具有突出的能力讓自己不斷進步，而且為父母及周圍的人帶來偉大的愛。所以，請對這樣的自己感到驕傲。

56

小寶寶選擇帶病出生，打造不一樣的幸福

生病是為了一直幸福下去

使靈魂大幅成長的試煉之一，是選擇帶病出生。

小寶寶並非是不得已才帶著先天性疾病來到人世，那是他們期望的狀態。

我聽過好幾個孩子說：

「在雲上面，我們自己選擇要成為生病的孩子，還是健康的孩子。」

有個母親問患有先天疾病的男孩：「你出生時為什麼是生病的呢？」

「是為了一直幸福下去啊！」聽到男孩的回答，媽媽很驚訝，接著說：

「可是，你小時候接受很多痛苦的治療。你哭的時候，媽媽也哭了。」

男孩說：「那是因為小寶寶不會說話。我哭是在拜託神仙『我想長大、我想當哥哥』。所以，就算我哭了，媽媽也不要難過唷。」

最後媽媽說：「的確，那孩子因為生病遇見了許多人，了解到人的善良，也感受到活著的可貴。現在回頭想想，生病也是一件好事。多虧有他，我們一直都過得很幸福。」

只看眼前的生活，會覺得生病是不幸的事。但從靈魂的觀點來解讀，可以發現人生深奧的意義。

57

小勇士們選擇用自己的一生啟發他人

帶著殘疾出生，是很辛苦的挑戰。只從表象判斷，或許很多人覺得這樣活著「很可憐」。其實那是錯誤的想法，殘疾不但可以激發孩子內心高度成長；而且周遭的人也會被孩子影響，去思考生命的意義，透過人與人之間的緣分，向眾人傳達無償的愛。

在此想與各位分享一位媽媽寫的短文。讀完短文，我被這位媽媽深深的愛打動了。支持這些勇敢的小寶寶，以及他們的家人、陪他們一起走下去，是周遭其他人可以盡力幫忙的事。

〈我的小勇士〉

最近，我忽然有這樣的想法：患有唐氏症的小寶寶，只會來到能養育他的人身邊，而我被選中了。

神仙在天上向大家宣布，今後將有一千個小寶寶要出生，在這當中，只有一個人必須帶著殘疾。正當大家都很猶豫的時候，有個勇敢的小寶寶挺身而出：

「大家都不要的話，那就我來吧！我知道有殘疾並非不幸的事。」

這個勇敢的小寶寶感動了神仙，因此除了殘疾，祂也賜給小寶寶滿滿的幸福，然後讓他降生在非常愛他的家庭。那個小寶寶就是小莫，他刻意選擇帶著唐氏症來到人世，而這個小勇士就是我的孩子、我的心肝寶貝。

請各位好好珍惜，來到你身邊的小勇士。

（轉自部落格「小勇士」http://ameblo.jp/yuukan-baby）

58

關於「流產」，小寶寶有他們的理由

因為醫學進步，過去可能喪命的小寶寶，現在大部分都能獲救。不過，女性懷孕仍有八～十五%的流產機率，生產過程中有二～三%會變成死產。特別是懷孕初期的流產，幾乎無法預防。

懷孕初期流產的原因，五〇～七〇%是因為胎兒的染色體異常，病毒感染、化學物質和母親抗體異常也會造成影響。懷孕後期流產則多是因為傳染病、營養不佳、子宮異常或黃體功能不全。

不過，考慮到靈魂的層面，應該有其他理由。

孩子沒有順利出生，不該責怪媽媽

一位媽媽流產後三個月再度懷孕，那個出生的男孩說：「之前離開的小寶寶也是我。那時候我很猶豫、不確定這個選擇對不對，所以先來確認看看。後來覺得沒問題，所以又回來了。」

根據美國的調查，「孩子還是胎兒的時候，如果握住臍帶調整血流，就會再度回到靈魂世界（死胎）」，實際上真的有這種胎內記憶。肚子裡小寶寶可以做到的事，在醫學上也能做到。

假如來到人世是為了讓靈魂成長的冒險，把懷孕當成事前勘察或短期觀光也不是什麼奇怪的事。某些媽媽流產後會自責「是不是我哪裡不好？」但也有孩子就算媽媽拚命想流產，他還是緊緊抓住媽媽的肚子、健康出生。

因此，流產的原因不能只追究媽媽一時的行為。

59

孩子回到天上，最不想看到媽媽自責

小寶寶的到來與離開，都有他的用意

有位子宮外孕的媽媽說想要了解小寶寶的心情。子宮外孕是指受精卵在子宮內膜外著床，這麼一來不只小寶寶無法長大，也會造成媽媽大出血、危及生命，所以必須動手術或進行藥物治療，放棄小寶寶。

那位媽媽才剛體驗到懷孕的喜悅，卻在超音波檢查時發現子宮外孕，受到很大的打擊。她說如果這是小寶寶的意思，她想知道理由，於是請教對話師，得到這樣的訊息：

「媽媽是很容易自責的人。我想讓媽媽知道，儘管世上有很多無法解決的事，但如果能突破就一定會有好事發生，所以我才會來。生產面臨的各種狀況，都是必然會發生的，不需要責怪自己。」

放下悲傷，別忽略孩子留下的禮物

那位媽媽聽完後這麼說：「我明白了。我很愛這孩子，所以很開心也很難過。的確，我是容易自責的人。不過真的好神奇，我先生也說了相同的話。」

我相當驚訝，原來小寶寶的訊息已經透過爸爸傳達給媽媽。由此可知，媽媽只是沒有察覺小寶寶的訊息，這世上許多人也是如此。短暫停留便返回雲端的小寶寶，還是送給爸媽一個很大的禮物。

60

變回天使的小寶寶，希望媽媽能過得更好

大部分小寶寶在平安出生、長大的過程中，會促使媽媽的靈魂成長。某些小寶寶會則會透過「死亡」的重大打擊，給予我們更深入體會人生的機會。賭上生命傳達訊息的小寶寶，擁有堅強的靈魂。被他們選中的媽媽，也是能夠堅強承受打擊的人。一位過期性流產的媽媽說：

「我在家裡把未成型的小寶寶捧在手心時，感覺自己和宇宙的愛融為一體。雖然我哭了，但那不是悲傷的眼淚，是『被愛』的幸福淚水。」

順應自然節奏的生產方式，比起疼痛更能感受到幸福，就算是流產也能有相同的體驗。

孩子完成他的使命，一定會留下重要的禮物

小寶寶住進媽媽的肚子裡，不是為了讓媽媽傷心難過。有位媽媽盼望著孩子的出生，某天她夢到一個小小的孩子，摸了摸她的頭說「不會有事的！」後來，小寶寶在懷孕中期胎死腹中，那位媽媽說：

「葬禮結束後，玩具電話響了起來，我想是那孩子在惡作劇。這次的懷孕和死產，讓我發現原來自己生病了。我想，孩子是用他自己的命救我一命。」

不管小寶寶為了什麼理由回到雲端，一定會留下一份大禮，就算是過世的小寶寶也會帶著「神捎來的信」。失去孩子是母親最深切的傷痛，可是接受那樣的結果，媽媽也會增加身為人的深度——那正是孩子想給你的禮物。

編註：「過期性流產」也稱稽留流產，指胚胎或胎兒在子宮內死亡兩個月以上還未排出。

61

沒出生的孩子，會繼續當媽媽的「小管家」

至今許多媽媽告訴過我，「我收到過世小寶寶給的訊息」。例如：

「媽媽你太忙了，要更珍惜自己。」

「和爸爸好好相處唷！多疼愛哥哥一點吧。」

「生命，是很美好的事喔！」

「在生活中多做些育兒的準備。」

「重新思考和爺爺、奶奶的關係。」

「我把媽媽過去發生的各種事重新整理、淨化囉！」

這些全都是在鼓勵媽媽、為媽媽帶來勇氣，完全沒有責備媽媽的訊息。

媽媽走出悲傷，孩子才能安心離開

奇妙的是，和過世的小寶寶溝通後，幾乎所有小寶寶都會說「謝謝」。我原以為那是對媽媽說「謝謝你讓我住進你的身體」，但似乎也包含感謝媽媽接受訊息的意思。小寶寶開心地想著：

「媽媽，謝謝你讓我住進你的身體。」

「爸爸，謝謝你向我招手。」

相反的，如果媽媽一味沉浸在悲傷裡，不敞開心房接收小寶寶的訊息，就算小寶寶覺得住過媽媽的身體是件幸福的事，也無法感受到喜悅。為了讓小寶寶滿足地回到雲端，媽媽們請敞開心扉，側耳傾聽他的聲音。

62

小寶寶離開後，忙著「傳遞生命」

小寶寶過世後，經常會出現在媽媽的夢裡，告訴媽媽：

「有個孩子很想來找媽媽。」

「另一個孩子住進媽媽肚子裡囉！」

一些媽媽流產後會看到小寶寶說「接下來我有事要做」，然後一副很忙的樣子回到雲端。一位七歲女孩說：

「我在媽媽肚子裡的時候，有兩個哥哥陪著我。」

原來是媽媽在生下女孩之前，流產過兩次，兩次都是男孩。媽媽感受到小哥哥們守護著妹妹。

先走一步的孩子，幫助下個小寶寶找到媽媽

回到雲端的小寶寶很可能是被神仙召喚，去幫助接下來要出生的小寶寶。我的診所曾經有個早產男孩被發現患有重病，手術時他透過媽媽說：

「這裡有很多我的朋友喔！」

後來，他的媽媽夢到一對雙胞胎。那對雙胞胎住進幫忙手術的助產士體內，她一直為不孕煩惱。相信那是男孩找來小寶寶，進行「生命的傳遞」。

我也感覺過那孩子坐在我肩上，守護接生的過程。某天，男孩的媽媽來到診所告訴我：「這陣子那孩子很少來找我。我問他怎麼了？他說『現在我在池川診所幫忙，所以沒時間來找媽媽』。」

當下我心中浮現可愛小天使幫忙的模樣，覺得很可靠。和這對母子的美好相遇，我心存感激。

63

墮胎之前，一定要先取得孩子的許可

在此想和各位談談「墮胎」。生命得來不易，請仔細想想真的不能生下孩子嗎?常常有想墮胎的媽媽來到我的診所，經過一番討論最後決定生下孩子，很多媽媽都說：「沒有放棄孩子真是太好了!」

不過，每個人都有自己的苦衷，有些媽媽猶豫許久還是決定墮胎。這是很沉重的決定，周圍的人不應該隨意批評。

進行墮胎手術前，我會拜託媽媽「告訴小寶寶，得到他的許可」。手術之前，利用探測術（dowsing）或直覺問小寶寶「可以動手術嗎?」確認小寶寶的回答是「可以」。

媽媽不在乎小寶寶，他會感覺很受傷

到目前為止，大部分的小寶寶都同意墮胎，唯獨有個小寶寶說「我不要，這裡又冷又黑」。我問那位媽媽是否和他提過這件事，媽媽說：

「我說不出口，這對他太殘忍了。」

於是我說：「因為孩子不同意，今天不能動手術。請再好好和他談談。」

一般人認為肉體就是全部，對墮胎這件事充滿罪惡感。但比起墮胎，真正令小寶寶難過的是「媽媽忽略自己的存在」。

被墮胎的小寶寶和健康出生或流產的小寶寶一樣，都帶著要給媽媽的訊息從雲端來到人世。儘管面對現實非常痛苦，還是要請媽媽正視小寶寶的存在，感受孩子為什麼住進你的身體裡。只要側耳傾聽，一定能收到孩子的訊息。

一直以來，我所聽過的那些訊息，全都是溫暖的話語。

64

孩子「為了幫助媽媽成長」，刻意讓自己出生

選擇墮胎的媽媽，理由因人而異。有些媽媽為了相同的理由墮胎好幾次。不過有些媽媽從墮胎的經驗中學習，內心成長很多。

那些媽媽當中，有的人再次懷孕，即使處境沒有改變卻決定生下孩子。她們說「之前沒能生下孩子，手術後我想了很多，下次懷孕我一定要生下來」。

除了無可奈何生下孩子，親子之間彼此痛苦，原來還有另一種從墮胎中學習到重視親情、養育孩子的方式。我強烈感受到，有些孩子明知道自己無法出生，為了讓媽媽成長，刻意來到人世。

小生命想留下祝福，而不是帶給媽媽陰影

墮胎的小寶寶獻出自己的生命，告訴媽媽生命的可貴，他們是勇敢的靈魂。而且為了之後出生的孩子，他們還會告訴媽媽「下一個小寶寶要讓他平安出生、好好疼愛他」。

墮胎的孩子生命非常短暫，可是只要能達成「向媽媽傳達愛」的任務，即使短暫也非常充實。反之，如果媽媽無法接受那賭上生命帶來的禮物，小寶寶的靈魂在媽媽接受訊息前，說不定會經歷無數次的墮胎體驗。

由於過去的墮胎在心中留下陰影，很多媽媽變得無法享受育兒之樂。回到雲端的小寶寶，其實不希望媽媽一直自責下去。媽媽若能因此有所成長，用滿滿的愛養育下一個孩子，離開的小寶寶想必會帶著微笑說：「果然是我選的媽媽！我鼓起勇氣住進她的肚子非常有意義，弟弟（妹妹）真是太好了。」

65

小孩對某些事物特別敏感，是受到記憶影響

調查胎內記憶時，我經常遇見記得前生的孩子。有些孩子清楚記得在過去的人生叫什麼名字，或是住在怎樣的家、為什麼會過世。有個女孩說：

「我以前小學三年級的時候被車撞死了，所以過馬路都會特別小心。」

接著，她平靜地說起那是去上書法課發生的事，以及撞到自己的車子長什麼樣子，當時因為在學校被霸凌，所以她很想趕快回到靈魂世界等等。

其他孩子也對前生留有詳細的記憶：

「在美國時，我住磚瓦房，是雙胞胎之一。某天飛機丟下炸彈，我就死了。後來有雲來接我，就去了天上，然後我來到日本。」

渴望追求活著的意義，所以相信輪迴

美國的出生前心理學盛行，擁有前生記憶是很普遍的事，有七十五％的人相信輪迴轉生。

曾經有研究者造訪孩子前生記憶所提到的地方，調查是否真的有他描述的那些人，證實與孩子所言一致。前生記憶以重生或「靈魂」的存在為前提，雖然無法透過科學驗證，卻是表現人類意識狀態的有趣例子。

「人在反覆出生、死亡的過程中有所成長」這種思想存在世界各地文化中。即使是不相信有靈魂世界的現代人，內心肯定也在追求活著的意義。所以輪迴轉生的世界觀，才會成為某種內心寄託。

66

小寶寶是讓爸媽結合的愛神邱比特

孩子會幫媽媽選擇適合的另一半

有些小寶寶從出生之前就一直守護著爸媽，孩子們說：

「我從媽媽結婚前就在天上看著她，也有看到媽媽和爸爸結婚。」

「媽媽還是大姐姐的時候，我就找到她了。」

有位媽媽婚前和男友在一起的時候，曾經聽到有個女孩拼命叫著「不對，不是這個人！」後來她和那個人分手，有了新的交往對象，又聽到女孩說：

「對，就是他！這個人是爸爸！」

然後她決定結婚，真的生了個女兒。可以想見那孩子看到媽媽和預期中的爸爸在一起之後，肯定鬆了口氣。

小孩的出生能使夫妻感情變好

愛神邱比特常以長有翅膀的小寶寶為代表。孩子出生前說不定也為了讓爸媽成為夫妻，射出了愛情的箭。小寶寶不只幫助爸媽結婚，也為了加深夫妻的感情，出生來到人世。

一個男孩說：「如果我沒有出生，爸爸媽媽可能會分開。他們在一起比較幸福，所以我就出生了。」

很多人說「孩子是父母的潤滑劑」，這句話果然沒錯！

67

誠心祈禱，孩子就會來到你身邊

大部分的孩子都說「我選好了媽媽才出生」。不過有些小寶寶拿不定主意，就會聽從神仙的建議。有孩子說：「沒辦法自己決定的孩子，神仙會告訴他那一家人在等小寶寶，你去那兒吧！」

得到神仙的推薦的方法是「祈禱」。一位媽媽的孩子胎死腹中後，非常傷心難過。外婆每天向佛祖祈求「請賜給我女兒健康的小寶寶」，後來果真生下健康的小女娃，女孩四歲時說：「我在天堂有看到喔！外婆每天拜拜，說『請給我們孩子』。結果有個很大的神仙跟我說『你去吧』。所以我就和風一起進去媽媽的肚子裡了。媽媽，那時候有起風對吧。」

小哥哥、小姐姐幫忙從天上帶來下個孩子

也有媽媽會拜託先出生的孩子，呼喚雲端的小寶寶下來。一位媽媽想生第二胎，可是一直沒懷孕。於是她拜託三歲的兒子：

「你去天上，把小寶寶帶到媽媽肚子裡。」

她兒子往天上看了好幾次，回答：

「只有在哭的小寶寶，找不到可以來媽媽肚子裡的小孩。」

約莫三個月後的某天早上，他告訴媽媽：

「昨天我去天上看到在笑的小寶寶，他已經進去媽媽肚子裡囉。」

就在同一個月，媽媽發現自己懷孕了。肚子裡的小寶寶也出現在她的夢裡，對她說「哥哥來接我了」。發自內心的祈求，開啟了通往雲端的門。然後在最適當的時間點，便會有小寶寶來到這個世界。

68

「生不出孩子」的想法更容易造成不孕

很多人因為遲遲無法懷孕而煩惱。有些人很快有了第一胎，卻一直懷不上第二胎。造成不孕的原因非常多，原因不明的情況也很多。

有人過了兩年的夫妻生活，還是沒有懷孕，因而被診斷為不孕症、接受不孕治療。出現醫學上的問題，必須借助先端醫療解決不孕。如果無法懷孕的原因不明，還沒開始接受治療前，媽媽能靠自己努力的事很多，那就是「將媽媽的身心調整成小寶寶能夠配合的狀態」。

首先，請重新檢視飲食生活。現代人容易因為化學物質及壓力損害健康。最好盡可能攝取天然食物，多吃葡萄、洋蔥等能抗氧化的蔬果。只吃食物會攝取不足的微量元素，則可活用營養補充品。

想越多壓力越大，放鬆心情孩子自然會來

改善飲食同時，也別忘了「內心療養」。「生不出孩子」的想法會成為精神壓力，使子宮痙攣無法順利排卵、血管變細、營養不良，妨礙受精卵著床。常聽到夫妻在放棄不孕治療後，卻突然懷孕的案例。原來是不孕治療造成壓力，阻礙了懷孕。

別再煩惱「生不出孩子」，請相信「小寶寶會在最佳時機到來」。好好讓自己放鬆可以讓子宮的血流量增加，使身體變成容易懷孕的狀態。為了達到更深層的放鬆，可以利用想像療法、芳香療法或其他治療法等，替自己找出最適合的方法。

進行不孕治療時，在投藥之前，請先做到健康飲食與紓解內心壓力。

69

小寶寶會先做好調查，再選時機出生

小寶寶會自己決定時機，不會配合大人的狀況出生。有些人忙得不可開交，根本沒時間照顧孩子卻懷孕了，有些人則是很想生孩子卻一直無法懷孕。

「小寶寶會先選好媽媽才出生」聽到我這麼說，有位期盼孩子的媽媽問：「我很注意身心健康也很愛孩子，為什麼小寶寶就是不選我呢？」。

也有人怨嘆：「我才不相信小寶寶會選媽媽。比起一時衝動懷孕又墮胎的青少年，我更適合當母親不是嗎？」

她們焦慮、難過的心情我能理解。但我還是想告訴各位：「小寶寶會在最棒的時機到來」。孩子不在期望的時間到來，是為了打探媽媽的生活方式。

等待孩子來的時間，讓媽媽的未來有所收穫

進行不孕治療時，媽媽不得不改變生活方式，像是辭掉工作，或是被無心之語刺傷，肉體與精神上都相當痛苦。這段過程必須突破痛苦的考驗，正是使人大幅成長的機會。小寶寶說不定是在慢慢等媽媽把內心耕耘得更加豐富。

我曾收到一位接受不孕治療的媽媽，捎來令人開心的信：

「您的書給了我很大的力量。『如果小寶寶選了我當媽媽，那該有多好。我相信那天一定會到來！』有了這樣的想法，就算為了眼前的治療辛苦，我還是能稍稍感到放鬆。」

試著用正面的角度去看待人生各種事。原本就會來的小寶寶，總有一天會來到你身邊。既然要花時間等待，小寶寶希望媽媽把那段日子用來培養、充實自己。等到孩子出生後，一定會對將來的育兒有所幫助。

70

盼望「生孩子能變幸福」是錯誤的想法

有些人無論多期盼生孩子，就是無法懷孕。這對當事人來說相當難受，但前文提到，小寶寶來的時機具有意義。同樣的，小寶寶不來也有深遠的意義。

其實，「只要生下小寶寶就能變幸福」的想法是誤解。小寶寶的人生是他自己的，孩子不是父母人生的裝飾品。小寶寶為了讓父母成長而來到人世，養育孩子是一連串的試煉。

想要孩子的人請再次思考，自己為什麼想生孩子？有決心為孩子奉獻自己的人生嗎？如果從另一方面來看，不孕症的人是不必經過育兒試煉，就能達到自我成長的人。

「不孕」也可以使人成長，找到人生的重心

育兒需要龐大的能量。有些人除了養育孩子還有其他事想做，於是刻意選擇沒有孩子的人生。現代許多女性決心要過那樣的人生，所以完全不考慮懷孕，全心投入於工作。

很多明明選擇不生孩子的人，後來卻改變心意，拋下本來該做的事，因為無法懷孕而煩惱。無法懷孕的人，請試著再次想想你的人生任務為何？你想對孩子付出的愛，一定會有某個人在等待。

人生沒有白費的經歷。為了不孕煩惱的那些日子，你會成為能了解他人痛苦、懂得體貼的人，很多人都在等你踏出嶄新的一步。

這一生中，沒有出生成為你孩子的小寶寶天使，都在雲端為你加油。

71

領養的孩子也會和媽媽產生靈魂的連結

未來要領養的寶寶，出現在養母的夢裡

東方人很重視血緣關係。不過了解出生前的記憶之後，我們更該重視父母子女「靈魂的連結」。研究輪迴轉世的學者飯田史彥說，因為媽媽生病或發生意外無法出生的小寶寶當中，有些會以領養子女的形式回到父母身邊。一位收養子女的媽媽說：

「我向育幼院提出寄養子女的申請，等待的那段時間，我夢到一個男孩。剛出生幾個月的他，眼睛圓滾滾的非常可愛。幾週後，育幼院通知我有小寶寶

來了，要我去見他，結果真的是男孩。過了幾個月，小寶寶的臉和我夢裡出現的男孩一模一樣，我嚇了一跳。」

彼此緊靠的靈魂，可以超越血緣的重要性

我常聽到小寶寶出生前會在媽媽夢裡現身，原來領養子女也會如此。雖然那個男孩不是媽媽親生的，但他知道自己將成為養子後，向她送出訊息：

「我就要去找你囉，請多多指教！」

養父母與子女即使沒有血緣關係，彼此卻有深厚的靈魂情誼。或許他們經歷過無數次重生，持續著家人、朋友的關係。執著於血緣，父母會把孩子當成自己的所有物。但只要感受靈魂的連結，就能擺脫育兒成見的束縛。

領養的親子關係，對於重新了解親情羈絆提供了嶄新的觀點。

第4章

親情需要練習，一個擁抱就能解救孩子的心

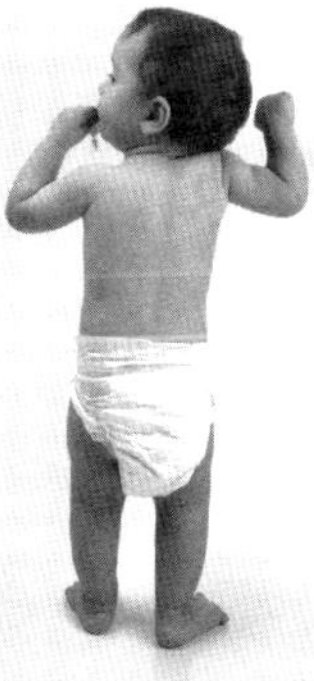

「就算沒說出來，我還是希望你知道。」

孩子慢慢長大，需要你給他更多「內心的抱抱」。

72

按摩和漂浮，讓內向的小嬰兒對媽媽打開心房

有些媽媽在小寶寶出生後，才知道胎內記憶，後悔懷孕時很少和孩子說話。有些媽媽因生產方式不如預期，和剛出生的小寶寶互動不多，覺得很難過。

就算孩子已經出生，還是有很多方法可以加深彼此的感情。其中一個方法是「寶寶按摩」。皮膚的感覺從懷孕第八週起就已經存在。剛出生的小寶寶肌膚相當敏感，布滿神經纖維，被稱為「第二個大腦」。藉由觸摸肌膚，小寶寶能夠充分感受到媽媽的溫暖與愛。

尤其是用按摩油撫按小寶寶全身，汗水及體內囤積的毒素會從汗腺排出，改善小寶寶濕疹的症狀，按摩還具有提高免疫力、穩定內心的效果。

每天玩浮板，寶寶好睡不夜哭

還有一個方法是「浮板訓練」。原本用的是風帆板，但我想出使用澡盆的訓練方式，在家中就能進行。把兩個三公升的保鮮盒放進浴缸裡，澡盆倒放在上，托住小寶寶的胸部讓他趴在上面。

兩個保鮮盒會產生六公斤的浮力，足以支撐新生兒的體重。就算躺在澡盆上搖搖晃晃，因為媽媽會牢牢托住小寶寶，所以小寶寶會覺得很安心。如果小寶寶個性內向，和媽媽的感情有些生疏，特別適合這個方法。

每天進行三十分鐘的浮板訓練，可以讓小寶寶容易入睡，晚上也比較不會哭。甚至有些小寶寶出生一個月，脖子就變硬了。親子面對面看著彼此，肌膚互相碰觸的浮板訓練，包含了許多增進親情不可或缺的要素。

73

媽媽經常笑，才能給寶寶好喝的母乳

母乳的味道，取決於媽媽的心情

你是否也有過這樣的經驗？日常生活中發生不順心的事令人心情煩躁，而且餵母乳時小寶寶也不肯喝、開始哭鬧。這並不是小寶寶感受到媽媽的煩躁，而是媽媽的精神狀態直接影響了「母乳的味道」。

媽媽生氣、不安的時候，母乳會變難喝。反之，如果媽媽用開闊的心面對一切，態度從容自在，母乳就會變好喝。既然要餵母奶，當然要給孩子充滿正面能量的奶水，而不是充滿負面情緒的奶水。

「微笑」是母乳變香甜的最佳調味料

媽媽的精神狀態會改變母乳味道的理由，醫學上也不太清楚。不過心態確實會改變體內分泌荷爾蒙的質量，或許是情緒穩定所分泌的荷爾蒙，可以對母乳產生好的影響。

「笑容」是讓母乳變好喝的最佳調味料。媽媽在微笑的時候想像母乳變得香甜順口，就會覺得很開心。在匆忙的生活中，讓自己成為微笑高手吧。

餵奶的時候，也請媽媽盡可能保持內心平靜。一邊看悲慘的新聞一邊餵奶，會破壞母乳的味道，最好在心情愉悅的環境中餵奶。

74

寶寶哭鬧卻不理會，以後孩子不敢說出真心話

媽媽一定會知道小寶寶想說什麼

很多媽媽因為和小寶寶語言不通感到有壓力。可是，大人彼此溝通的時候，語言也只佔了七%。其他的情報是透過表情、動作、語調等傳達。

3D超音波檢查可以看到小寶寶豐富的表情變化。小寶寶出生後會藉由全身向媽媽傳達自己的想法。仔細觀察小寶寶會驚訝地發現，從他們的表情或動作能了解許多事。觀察力及溝通是育兒非常重要的能力。

兒童教育學者皮爾斯（Joseph Chilton Pearce）的《神奇的孩子》一書提

到，在非洲的烏干達，小寶寶出生後媽媽會二十四小時形影不離地抱著。媽媽仔細看顧小寶寶，一週後在他們尿尿或便便前，媽媽就能提早知道，所以小寶寶的尿布幾乎不會弄髒。

從出生第一天開始，培養與孩子的「心電感應」

有些媽媽會在小寶寶出生後，馬上進行上廁所的訓練，所以一天只用一片尿布就夠了。一般人認為尿布是髒了才換的東西，這是錯誤的想法。如果小寶寶哭鬧卻不幫他換尿布，時間久了他就不會告訴你自己想要什麼。

養育孩子有許多認知上的差異。相信小寶寶的知性，藉由仔細觀察展開溝通。像是尿布濕了嗎？肚子餓了嗎？會冷嗎？想睡嗎？小寶寶只會用哭的方式表達。大人若有接收到那些訊息，小寶寶便會放心傳達自己的想法。

75

孩子的表情，就是媽媽平常的表情

「我家孩子老是在哭。真不知道該拿他怎麼辦才好。」

有位媽媽哭喪著臉來找我商量。我看小寶寶的臉，果然是一副快哭出來的表情。或許那位媽媽沒有察覺，小寶寶和她的表情簡直是一個模子刻出來的。

雖然媽媽很煩惱「孩子哭不停很難照顧」，可是小寶寶也很擔心「為什麼媽媽總是哭喪著臉。她還好嗎？」

在周產期心理學的研究中有多筆資料顯示，小寶寶會模仿媽媽的表情，他的臉是媽媽的鏡子。有些媽媽會反駁「才沒有那回事，我都會對孩子笑」，但小寶寶看的是媽媽平時的表情，他感受不到媽媽瞬間變臉的微笑。

很累的時候也別說「不想看到孩子」

想讓小寶寶笑的話，自己就算是硬擠出笑容也沒關係，請媽媽持續保持開心的表情。有時覺得環境令你感到痛苦，其實是自己讓周圍氣氛變得不開心。小寶寶或許是代替媽媽表達想哭的心情。

若有媽媽覺得照顧孩子很累，說自己「連孩子的臉都不想看到」，我會故意問她：「所以說，孩子從這世上消失也沒關係囉！」

媽媽會立刻慌張地回答：「那怎麼可以，我會很傷心。」

於是，我接著說：「那請你別再說不想看到孩子的臉。」

「孩子讓我很痛苦」有這種想法的時候，請想想小寶寶為了達成媽媽的心願，拼了命才來到這個世界。能夠感受到育兒的辛苦，也是因為有了小寶寶。察覺辛苦背後的幸福，展露微笑，就會展開良性循環。

76

面對寶寶夜哭問題，可以試著問他理由

進行新生兒健康檢查時，我最常被問到的問題是「夜哭」。媽媽抱著哭不停的嬰兒，連續好幾晚不能睡，身心都會累垮。

有些媽媽深深嘆息：「其他人都沒這種困擾，難道是我不會帶孩子嗎？」

小寶寶夜哭的理由因人而異。喝奶喝不夠、身體不舒服、房間太熱或太冷等，只要找出理由，孩子的情緒就會穩定下來。

不過比起外來的原因，小寶寶的內心更敏感，有時是想傳達某些訊息。仔細觀察他的表情，就會知道小寶寶是在生氣或害怕。

只要媽媽了解自己，孩子便能停止哭泣

小寶寶一直哭又找不出原因的時候，有些媽媽會把想到的原因一個一個問他。例如一個孩子每天到了出生的時間就會哭，於是媽媽問他：

「你是不是很討厭出生時的那件事？還是，那件事？」

媽媽不經意地問：「難道是因為醫生很大聲，嚇到你了嗎？」

結果小寶寶停止哭泣，此後即使到了同樣的時間，小寶寶也不再哭了。也有些孩子因為感受到大人看不到的東西，覺得很害怕。此時抱抱孩子，告訴他「沒事的，別怕別怕」，或是讓他聞聞薰衣草的香氣也是不錯的方法。

照顧經常夜哭小寶寶很不容易，其實小寶寶也對自己適應不了人世感到煩惱。但夜哭不會永遠持續，媽媽們請別自責，多給自己一點時間，陪伴孩子度過這個時期。

77 多說「我想了解你」，教出個性穩定的孩子

產後憂鬱症的原因之一是「夫妻溝通不良」。

有位媽媽告訴我「先生完全沒替我著想」，聽了她的描述，越聽越覺得她先生是個很不負責任的爸爸。於是，我請那位爸爸來診所了解情況，發現和媽媽說的完全相反，其實他很用心照顧太太。可是，他做的事並非太太的期望，所以不管做什麼太太都會生氣，他也感到束手無策。

我居中幫忙協調，讓他們了解彼此的感受，把誤會解開。那位媽媽重拾笑容，夫妻的感情也加深，產後憂鬱症的情況改善不少。

有緣成為夫妻，卻無法向對方表達真心的例子很多。我看過許多類似的情況，發現夫妻關係和親子關係非常像。

親子之間總是期望「你應該要懂我」，忽略溝通的練習

太太對先生的不滿，和孩子對父母的不滿非常相似。

「既然是夫妻，你應該懂我！」

「既然是爸媽，你應該了解我！」

覺得心中感受沒有傳達出去的一方，會用眼神示意，或是故意生氣來表現，接受怒氣的一方也會抱怨「你不說我怎麼知道」。

「就算沒說出來，我還是希望你知道。」

「雖然表達得不好，可是我有話想說。」

溝通的出發點是在傳達「我想了解你」，親子關係也是如此。就算不了解孩子的感受，只要表現出想更貼近他的態度，孩子的情緒也會慢慢變穩定。

即使是家人也要練習了解對方的心情，以及如何確實傳達自己的感受，全家人一起成為溝通高手。

78

愛討抱的孩子，長大後反而更獨立

孩子都需要「抱抱」。剛到在這個世界冒險的孩子，內心非常不安。感受父母肌膚的溫暖會滋養他們的內心。孩子湊到媽媽身邊時，請先抱抱他。當他受到驚嚇、哭泣時，也是先抱抱他。伸出手緊緊地抱住孩子，抱到讓他忍不住害羞說「可以了，放開我」。

孩子被抱住時，會有種被保護的安心感。不管發生什麼事，都有可以回去的地方，所以能夠放心到外面的世界闖蕩。擁抱不會削弱孩子的自立心，反而是促使他們獨立的方法。

擁抱等於「愛」，一個擁抱就能解救孩子的心

「抱不夠」的孩子會感到寂寞，覺得自己的存在不受重視。曾經有位國小老師告訴我：「個性粗暴的孩子被抱了之後，會變得乖巧聽話」。

不只年紀小的孩子喜歡肌膚接觸，一位高中的護理老師說：「我抱了老是鬧事的學生，他不但變溫順、還哭了出來。」

而且，那個孩子還問老師「可以帶我的朋友來嗎？」把其他同伴也帶去找他。護理老師逐一擁抱那些孩子，他們露出滿足的表情，後來也都變乖了。

那些孩子想必是小時候被抱得不夠，內心的空虛使他們產生攻擊性，想到這兒我就覺得心痛。無論是小學生或高中生，一個擁抱就能解救他們的心。更何況是年幼的孩子，他們會有多麼渴望抱抱。

「擁抱」是表現愛的基本動作。有些父母會擔心孩子養成黏人的習慣，但其實不是孩子愛抱抱，而是父母抱得不夠多。

79

建立孩子良好的個性，兩歲前是關鍵

孩子會變成怎麼樣的個性，從受精到兩歲前的環境影響很大，因為孩子的大腦神經迴路會在這段時期發育成熟。大腦中掌管情緒及自發性的下視丘、杏仁核，容易因為壓力、恐懼、憤怒等負面感情受損。

媽媽感受到壓力，或是孩子成長缺乏安全感，他的大腦會建立「這個世界很痛苦」的資訊。然後為了逃離不安變得具有攻擊性，或是陷入憂鬱、頹喪。

另一方面，媽媽懷孕時過得很幸福，兩歲前得到滿滿關愛的孩子，以杏仁核為中心的大腦邊緣系統的神經會發育得很好。大腦建立了「這個世界很快樂」的資訊，孩子個性也會變得樂觀積極。

幼兒行為失控不是愛玩，而是在「測試能力」

尤其是小寶寶長大後，行動範圍擴大，媽媽如何應對顯得格外重要。孩子或許會把手伸進盤子裡，抓起食物亂丟。媽媽看了雖然很頭痛，但小寶寶是在測試自己的能力。

如果大人只想到自己，一邊罵「不乖」一邊打小孩，孩子容易建立不好的既定印象，覺得「測試能力會發生不好的事」，因而剝奪孩子的自發性。能否用積極的態度面對人生，對孩子來說是關乎一生的重大問題。

大部分媽媽為了讓小寶寶健康長大，對營養狀態都很注意。同樣的，為了讓小寶寶寶的內心健全發展，也請多留意他的內心是否得到足夠的養分。

80

不重視孩子的個性，管教會變成「虐待」

小寶寶一歲後，行動範圍擴大，父母就要開始管教。那些父母認為的好事，孩子卻覺得是否定訊息，例如「不可以做的事」，以及「不得不做的事」。此時，孩子受到管教後，如果無法確信父母深愛自己，就會誤以為自己的存在被否定，認為「我是沒人要的孩子」、「我沒出生就好了」，內心深受傷害。

許多父母會煩惱如何指正孩子的錯誤，可是管教孩子沒有統一的模式。各個家庭生活的方式不同，想告訴孩子的事也不一樣。但都有個基本原則——貼近孩子的心，別讓他感到不安。

責罵的方式孩子無法承受，就是一種「虐待」

哪種程度是「管教」？哪種程度是「虐待」？

比起該怎麼教孩子，孩子的「接受方式」才是關鍵。就算用相同的話責罵孩子，若長期養成習慣或因孩子的個性，使他受到傷害，那就是虐待。

想以「管教」的方式確實教孩子學習某事，不妨偶爾告訴他：

「你出生成為我的孩子，真是太好了」

「有你在，我很幸福喔！」

說的時候，語氣要堅定。「做自己就好」的安心感對孩子來說，像是隨時可以歇息的心靈港灣。感覺自己被愛的孩子，懂得觀察父母的反應，學會區別好事與壞事。這種孩子在往後的人生中，能用自己的力量積極突破難關。

81

孩子學會反抗，代表父母教養很成功

孩子進入第一次叛逆期的時候，開始會對任何事說「我不要！」總是黏著媽媽的孩子，只要是媽媽說的事全都反抗。這段時期對媽媽來說很辛苦，但孩子進入叛逆期是值得開心的事。因為孩子學會反抗，表示育兒進行得很順利。

一直以來得到滿滿的愛，使孩子對自我有所醒悟。因為放心所以能夠主張「我就是我！」這代表你的育兒方式沒有錯，請對自己有自信。

面對孩子的反抗，媽媽如果慌了手腳，情緒化地責罵孩子，孩子就會感到不安。然後，為了確認自己是否被愛，孩子會更刻意唱反調。媽媽感到有壓力越罵越兇，孩子也越來越磨人，形成惡性循環。

包容孩子的叛逆，向他表達感謝和無限的愛

爸媽再怎麼煩躁，也別忘記告訴孩子「我很愛你」、「謝謝你出生成為我的孩子」。當孩子不管三七二十一就說「我不要！」的時候，好好教他什麼事可以做，什麼事不能做。孩子覺得自己被無條件接受，會產生安心感，就算做錯事被罵也會乖乖聽從。

媽媽溫柔擁抱孩子，爸爸嚴格指正孩子，父母分配好彼此的角色，育兒就會很順利。即便是獨自養育孩子的爸媽，只要扮演好接受孩子以及教導規範的角色，完全不會有問題。

在這個時期受到尊重長大的孩子，遇到青春期的第二次叛逆期就可以比較順利度過。

82

強迫小孩「不准哭」，他的心會生病

不可以壓抑孩子想哭的心情

想哭就哭，是孩子重要的自我表現。強迫孩子壓抑負面感情，會對他造成很大的壓力。我在診所幫孩子打針的時候會說：

「要打針囉！有一點點痛，你要加油喔。想哭就哭沒關係。」

大哭之後，孩子的心情會變好，笑著離開診所。如果騙孩子「一點都不痛」，或是說「你是男生，不可以哭。」壓抑孩子的情緒，他就會在心中累積悲傷或憤怒。

父母鍛鍊「同感力」，伸手擁抱孩子的內心

對媽媽來說，看到孩子哭很難受，但悲傷、憤怒是孩子真實的感受。不要否定他的任何感情，使其自由表現，對孩子成長是很重要的事。

「我知道，你很痛對吧」讓孩子知道你感同身受，他們就會振作精神。大人也是如此，感到痛苦時，如果身邊有人說「嗯，我懂你的心情」，即使現況沒有改變也能獲得安慰。

父母提高「同感力」去貼近孩子的心，這是育兒的基礎。用心傾聽孩子說的話，與他共享喜悅、感動、悲傷、寂寞，這就是「內心的抱抱」。除了身體的擁抱，也別忘了抱抱孩子的內心。

83

你有好好接受孩子「愛」的禮物嗎？

我問孩子「小寶寶為什麼會出生？」，除了「想讓媽媽笑」、「想見到媽媽」這些答案，也經常聽到「想幫助別人」。

根據出生前的記憶，小寶寶是帶著以下的任務來到人世：

第一、為了幫助父母，特別是媽媽。藉由自己的出生，希望父母察覺生命的可貴、活著的美好。讓他們感受幸福、展露歡笑。小寶寶希望幫助父母在人性方面有所成長。

第二、想幫助別人。小寶寶想用自己擅長或喜歡的事幫助他人，尤其目標明確又有決心的孩子，會慎重選擇能幫助自己實現夢想的父母。

父母要反省自己是否有幫孩子完成「出生的任務」

孩子進入青春期之前，想必已經完成第一個任務。媽媽回應孩子的愛，展現笑容，孩子會覺得「第一個任務成功了」，能夠放心繼續做第二個任務。

不過，如果媽媽老是生氣，覺得育兒很辛苦。孩子無法完成第一個任務，會感到慌張、失去自信。失去自信的孩子，變得只顧慮父母的感受，找不到自己想走的路；或是不斷反抗，希望父母察覺真正重要的事。

到了國中時期，有些孩子因為自己從雲端帶來的訊息，不被爸爸媽媽接受，於是將挫折感轉變為最壞的想法：「那種爸媽，不是我選的。」

「為什麼我有這種爸媽？」

「為什麼我的孩子會變成這樣？」

當親子彼此都感到無可奈何的時候，請好好思考自己活著的意義，以及孩子出生的任務。

84

青春期問題，來自兩歲前的心理傷害

出生之後，小寶寶失去宇宙的連結

肚子裡的小寶寶懷有對宇宙的歸屬感，覺得所有的事物和自己融為一體。然而，一旦呱呱落地後，受到環境刺激，了解自己與他人的區別，就會逐漸成長為有個性的人。

形成個性的時期，和其他事物融為一體的安心感，對孩子的成長非常重要。剪斷臍帶失去宇宙的歸屬感後，小寶寶會轉而尋求和媽媽的歸屬感。小寶寶哭了就抱抱他，看到他笑也報以微笑。仔細照料小寶寶，他就會很安心。

認為「孩子不懂」的偏見，造成親子隔閡

孩子的心靈很敏感。父母雖然愛孩子，心中也存有「小寶寶不懂這些」的誤解，所以從懷孕到兩歲這段內心發育的重要期間，或許會不夠留意孩子。甚至考慮到「想讓孩子早點自立」，就減少抱孩子的頻率。

彼此的小誤會，使孩子無法感受父母的愛，內心受到很大傷害。那樣的心傷不斷累積，如同定時炸彈分秒逼近，等孩子進入青春期隨即引爆。父母直到孩子青春期才開始困惑，「我明明很用心養育孩子」、「他一直都很乖啊」、「我已經那麼嚴格管教他了」。

詳細探究原因，發現大多數青春期的問題，和懷孕至兩歲前親子關係所埋下的心結有關。而且，親情的確立因人而異，有些孩子要等到三歲甚至更大些。請仔細觀察你的孩子是哪種類型。

85

讓孩子「主動想學」，他才能真正長大

所謂的教育，不是硬塞知識栽培「優秀」的人。育兒目標是要培養孩子擁有獨立的力量，決定自己的生活方向。

我在某本書中讀到「教育的目標應是，人在三十歲的時候要有一定程度的生活能力，過著有意義的生活」，使人恍然大悟，完全點出了育兒的核心。

父母從自身有限的體驗中判斷孩子「至少要會這些事」，鼓勵孩子學習各種才藝或唸書。不想讓孩子走冤枉路，不希望孩子白費力氣。可是，如果孩子不是自己主動想去學，任何事他們都無法真正學會。

育兒的過程，是為了激發親子各自成長

最近，越來越多年輕人不知道自己想追求什麼。比起讓孩子提早體驗各種事，尊重孩子自發性的教育更重要。

父母將孩子抱在懷中，或許會覺得孩子是自己的所有物，心裡有「自己製造出孩子」的想法。但孩子是上天的恩賜，並非由你我製造。父母存有這種誤解，等孩子出生後就會強迫他們接受自己的教育方式，像捏黏土那樣去塑造孩子。特別是重視血緣的東方人，很容易這麼想。

即使孩子年紀再小，他仍是獨立存在的個體，有自己的任務要完成。父母的職責則是在育兒過程中面對課題，完成自身的成長，並支持孩子達成人生的目標。養育孩子本來就是充滿創造性的考驗。父母與孩子一同拓展視野，培養新的世界觀，這正是育兒的樂趣。

86

用坦率的心面對孩子，陪他一起成長

育兒沒有「理想狀態」，必須順應現實調整

許多人心中都有屬於自己的「理想生產」、「完美育兒」的想像。情況不如預期時，就會因為理想與現實的落差感到氣餒。

父母執著於想像的「育兒狀態」，只會讓自己痛苦。不妨試著轉換想法，「情況不如預期，是學習忍耐的好機會」。即使覺得有點累，孩子仍然會為媽媽加油，因為他是很愛很愛媽媽，才來到這個世界的。

時間不能重來，但父母可以從現在開始改變

與孩子互動的過程中，父母拓展了自己的世界觀，有了大幅的成長，有些人會懊悔「過去的育兒方式是錯的，真想重來一次」。

我能理解那樣的心情，但是當時有缺失也沒關係。因為孩子是為了幫助父母成長而出生。「想重來」的念頭促使父母產生改變的話，孩子就圓滿達成任務了。察覺自己開始能夠反省，自然會感謝為此出生的孩子。

父母可以坦率地告訴孩子：「媽媽錯了，對不起。謝謝你讓我發現自己錯在哪裡。」孩子一定會對你敞開心房。找回親情的連結，何時開始都不嫌晚。育兒和人生，本來就沒有所謂的失敗。

新生命來到這個世界是有意義的。親子關係產生摩擦，彼此都能獲得成長。就某方面來說，狀況不斷的父母子女，可說是最棒的心靈伙伴（靈魂盟友）。

87

享受育兒的過程，那是最甜蜜的負荷

有些孩子在雲端選擇媽媽時，原本是選了「感覺很溫柔的媽媽」，出生後卻失望地發現「奇怪？怎麼完全不一樣」。這大概是因為媽媽對育兒煩躁，變得容易生氣，使孩子感到錯愕。

有個孩子對他的媽媽說：「我以為你是溫柔的媽媽才成為你的孩子，如果你老是生氣，那我還是回去雲上面好了。」

媽媽聽了心頭直打冷顫。養育孩子本來就會有煩惱、痛苦。懷孕之所以得到「祝賀」，那是因為往後有辛苦的日子等著你，於是旁人對站在起點的你先給予鼓勵，算是前人的智慧。

生養孩子的經驗與感動，是無可取代的

小寶寶住進你的身體、被你生下來，這是無可取代的經驗，也是超越人類智慧的生命行為。但很多人在養育孩子的過程中忘了這件事，心中充滿埋怨。只注意到欠缺的部分，而看不見自己已經得到的東西。

我曾經聽過有位社長破產了，他心中盤算著要自殺，緊握住女兒的手說：

「爸爸失去了一切。」

「爸，你在胡說什麼。你還有我啊！」

聽到女兒的規勸後，他突然察覺太太也在一旁憂心地看著他。社長瞬間清醒過來，心想「我失去只是錢而已」。然後振作精神，成功開創新的事業。

相同的體驗因為解讀不同，可以是好事，也可以是壞事。不管育兒再怎麼辛苦，還是希望父母能體會到孩子在身邊的幸福——這是享受育兒的第一步。

88

孩子默默引導媽媽，追求自己想做的事

育兒辛苦的反面，是媽媽幸福的人生

育兒會遭遇許多辛苦的事，媽媽有時會忍不住舉手投降，後悔地想「早知道就不生了」。育兒發生問題不只因為母親內心的創傷，身心都需要充足照料的孩子也是如此，例如有溝通障礙、發育遲緩或是體弱多病的孩子。

每天要面對、照顧那樣的孩子，媽媽真的很努力。必須為自己找機會，傾吐悲傷、撫慰疲累。有空的時候，請稍微改變感受的方式，從別的角度觀察孩子。

沒有一個孩子生下來是為了讓媽媽痛苦

小寶寶決定自己出生後的狀態，選好了媽媽才來到這個世界，想想這些事，父母肩上沉重的負擔就能變輕一點。沒有一個小寶寶生下來是為了讓媽媽痛苦。媽媽必須在孩子給予的試煉中，找出邁向人生新階段的契機。

一位有重度過敏兒的媽媽說：「孩子還小的時候，真的很辛苦。看著他無法入睡哭喊的模樣，我的心像是被撕裂了。可是那也讓我開始關注飲食健康，生活方式完全改變了。現在，我從事提倡健康飲食的工作。年輕時我就想做有關公共衛生的工作，孩子的過敏症狀，間接引導我去接觸原本想做的事。」

那孩子透過生病推了媽媽一把，讓媽媽有所成長。孩子很有勇氣，接受那份禮物的媽媽也很棒。現在正因育兒感到辛苦的媽媽，希望你可以從孩子給的考驗中，得到讓自己閃閃發亮的收穫。

附錄

向孩子詢問「胎內記憶」的方法

「神仙給了我很多東西，我是送給地球的禮物。」

孩子說起幸福的記憶，是想確認自己的出生受到期待。

問孩子「出生前的事」，會發掘到更多幸福

我曾經收到一位媽媽的來信，她在信中寫道：

我女兒五歲生日的時候，我們一起在廚房剝洋蔥，她突然對我說：

「洋蔥也有生命喔！」

我回答：「是喔。是誰告訴你的？」

她說是在肚子裡的時候，神仙告訴她的：

「我在媽媽肚子裡聽到了神仙的聲音，他告訴我洋蔥也有生命，教我要尊重別人、相信神仙。不過醒著的時候因為心跳聲很吵，所以聽不到神仙的聲音。睡覺的時候，在夢裡才能聽到祂的聲音。

出生了就要呼吸對吧。所以離開媽媽的肚子後，因為呼吸聲很吵，我聽不到神仙的聲音了。」

聽到這樣的事，我感到不可思議，心中非常感動。

孩子說自己想變成「送給地球的禮物」

問孩子「出生前的事」，有時會得到令人驚訝的深奧回答。有個男孩說：「神仙給了我很多東西。首先是心，感情、生命、身體，然後是思考的大腦。我是神仙的禮物，所以要好好珍惜自己。這麼一來，我就會變成送給地球的禮物，創造更幸福的世界。為了讓大家都變幸福，我要讓地球越來越大。」

孩子們的話，會點亮你我的心。平常不妨擺脫匆忙的生活，試著和孩子坐下來聊一聊。

最容易想起「胎內記憶」的時機

知道有「出生前記憶」的存在之後，越來越多媽媽想問孩子還記得什麼。孩子想起胎內記憶的時機，大部分是在洗澡後身體變得暖呼呼，或是在快要入睡前，在被窩中放鬆的狀態下。

感受到媽媽的溫暖覺得放心，孩子會聯想到在媽媽肚子時的情形。這時候問孩子「你出生前有什麼感覺？」有些孩子會很自然地回答，有些孩子則是不用問就自己說出來。

因為媽媽懷了小寶寶而想起出生前的事，或是看了有關胎內記憶的繪本、聽到胎教ＣＤ子宮內的聲音，不少孩子會主動說「對了，我也是這樣」。

不要強迫孩子回想，一切順其自然

日常生活中不經意的小事，也會喚起孩子的記憶。例如，外出兜風時車子開進隧道，有些孩子會大喊「小寶寶要生了！」開出隧道後又說「生了！」

幼稚園老師也曾告訴我，「只要一個孩子開始說，其他孩子就會陸續說『我也記得』」。

對胎內記憶有興趣的人，當孩子開始說的時候，最好立刻記下來。說過一次覺得已經夠了，之後完全忘記的孩子也很常見。請各位記住：相同的話不要問第二次。

就算孩子不記得出生前的事，也不要感到失望。說不定日後他會突然想起來，現在是因為滿足於和媽媽的親密關係，所以不需要刻意回想以前的記憶。

「胎內記憶」是孩子重要的寶物

「我清楚記得在媽媽肚子時的事。可是我告訴媽媽，她卻馬上否定我，『那是你在做夢』。我那麼相信媽媽，她卻不相信我，讓我大受打擊。」

一位女性這麼說，有過相同體驗的人應該不少。某些人因為受傷封閉自己的記憶，並且煩惱「我是不是很奇怪？」

近年來，胎內記憶的存在廣為人知，誤解逐漸減少。儘管如此，還是出現了別的問題。父母問孩子「你記得在媽媽肚子裡的事嗎？」孩子回答後又不斷追問「真的嗎？」、「再多講一點」、「這和你之前說過的不一樣」，使得孩子選擇沉默。

放棄大人邏輯，謝謝孩子的分享

胎內記憶是孩子重要的心靈寶物。問孩子的時候，請不要用大人的邏輯進行科學調查，要尊重孩子的內心世界。

出生前記憶是加深親情連結的契機，希望各位好好面對孩子。孩子說起幸福的記憶，是想確認自己的出生受到期待。所以請抱緊他，對他說「太好了！媽媽也一直在等你出生喔」。

就算孩子說的內容很荒謬，也要用心傾聽。這麼一來，你會找到隱藏在孩子話語中令人眼睛一亮的新發現，那會為親子這種奇妙的緣分增添光輝。

即使是痛苦的記憶，只要媽媽接納就會消失

出生前的記憶，不全然是幸福的事。生產過程有時會對孩子造成嚴重的內心創傷。例如，有個女孩小學高年級時，媽媽不經意地問：

「你在媽媽肚子時是什麼感覺？」

小女孩雙手摀住耳朵，哭喊著：「討厭，別問我！」

媽媽見狀嚇了一跳，趕緊改變話題。幾年後，小女孩主動說出這樣的話：

「從媽媽肚子出來的時候，我的頭像是被夾住一樣很難受。我想歪著頭應該比較好出來，伸直了身體，還是出不來。」語氣非常平靜。

那孩子因為媽媽接受了她「不想回憶」的想法，內心的創傷慢慢痊癒。當孩子不想說的時候，請不要勉強追問，靜靜地守護孩子。

接受孩子的一切，享受當下的親子互動

另一方面，有些孩子會說出痛苦的記憶，希望媽媽了解自己的心情。有位媽媽懷孕時累積很大的壓力，她的孩子說：

「肚子裡好冷。」

「我一個人覺得好孤單。」

這種時候，請告訴孩子「你很辛苦、很孤單對吧」，表現出感同身受的態度。其實孩子那麼說不是在責怪媽媽，只是希望最愛的媽媽能接納他的感受。

真正重要的是「經營現在的親子關係」。無論過去發生過什麼，不斷向孩子傳達「謝謝你出生成為我的孩子」，一定能成功克服各種育兒問題。請緊緊握住孩子向你伸出的小手。

特殊的孩子，是因為有比較特殊的靈魂

清楚記得前世在英國過世的男孩

認同「出生前記憶」真實存在，就能深入理解孩子的內心。

有個男孩還是小寶寶的時候，不了解喜怒哀樂的情緒，就算骨折了也沒告訴家人他很痛，後來被專家診斷出他有亞斯伯格症（自閉症障礙）。

「在媽媽肚子裡的時候，一個人很孤單。」

了解了這件事後，他的情感變得很豐富，能夠和朋友一起玩。現在發揮數學、英語的天賦，過著快樂的小學生活。某次，男孩看到月曆後說：

「真奇怪，我在肚子裡看到的二月有二十九號啊！」

男孩確實是在閏年出生的，由此可知他保有很具體的胎內記憶。而且，他也記得前世一九九七年，九歲的他在英國愛丁堡過世，記憶非常詳細。

男孩的媽媽完全接受他說的話、徹底配合他。她說：

「我兒子在子宮裡的意識很發達，他記住了那個環境，所以出生後變得有點混亂。小時候，他曾經用頭撞牆。後來他說『那時候我想飛上天空』，在他記憶中出生前的世界很自由，遇上身體不自由時，一定感到很混亂。我想就是那樣他才會有類似亞斯伯格症的行為。」

雖然那孩子的情況比較特殊，但他讓我知道人類意識的奇妙，我把他的故事牢記在心。有些行為不可思議的孩子，或許是因為靈魂世界的記憶太過清晰，來到這個世界必須多花點時間才能適應。

family field
親子田 親子田系列 038

媽媽，我記得你【暢銷新版】

超神奇「胎內記憶」，觸動百萬媽媽的心

子どもはあなたに大切なことを伝えるために生まれてきた。

作　　者　池川明
譯　　者　連雪雅
責任編輯　陳鳳如
封面設計　張天薪
內文排版　菩薩蠻
童書行銷　張惠屏・張敏莉・張詠涓

出版發行　采實文化事業股份有限公司
業務發行　張世明・林踏欣・林坤蓉・王貞玉
國際版權　施維真・劉靜茹
印務採購　曾玉霞
會計行政　許俽瑀・李韶婉・張婕莛
法律顧問　第一國際法律事務所　余淑杏律師
電子信箱　acme@acmebook.com.tw
采實官網　www.acmebook.com.tw
采實臉書　www.facebook.com/acmebook01

I S B N　978-986-507-067-0
定　　價　300 元
初版一刷　2019 年 12 月
劃撥帳號　50148859
劃撥戶名　采實文化事業股份有限公司
　　　　　104 臺北市中山區建國北路二段 92 號 9 樓
　　　　　電話：(02)2518-5198　傳真：(02)2518-2098

國家圖書館出版品預行編目資料

媽媽，我記得你：超神奇「胎內記憶」，觸動百萬媽媽的心 / 池川明作；連雪雅譯．
-- 二版．-- 臺北市：采實文化，2019.12
面；　公分．--（親子田系列；38）
譯自：子どもはあなたに大切なことを伝えるために生まれてきた。
ISBN 978-986-507-067-0(平裝)
1. 育兒 2. 懷孕 3. 嬰兒心理學
428　　108018599

KODOMO WA ANATA NI TAISETSUNAKOTO WO TSUTAERU TAME NI UMARETEKITA.
by AKIRA Ikegawa

Originally published in Japan by SEISHUN PUBLISHING CO., LTD., Tokyo.
Chinese(in complex character) translation rights arranged with
SEISHUN PUBLISHING CO., LTD., Japan.
Through KEIO CULTURAL ENTERPRISE CO., LTD.

采實出版集團
ACME PUBLISHING GROUP